剪映
短视频
6 项全能应用

剪同款
AI作图
画中画
一键成片
图文成片
AI玩法

古 月 编著

清华大学出版社
北 京

内容简介

本书以剪映的核心功能为切入点，系统且全面地介绍了如何运用这些功能进行短视频的创作。全书共包含6章，具体内容为：第1章介绍"剪同款"功能，实现热门视频的快速制作；第2章探讨AI作图技巧，包括以文生图、调整参数、重绘细节和以图生图等的操作方法；第3章详述画中画技术，包括抠像合成、画面叠加、蒙版特效和多屏显示等；第4章聚焦于"一键成片"功能，演示通过选择模板、输入提示词或编辑草稿等方式快速生成视频；第5章讲解"图文成片"功能，介绍自由编辑文案、智能生成文案和视频，以及进行视频后期编辑的方法；第6章探索了AI的玩法，如AI配音、AI商品图、图片玩法、AI特效、AI音效和AI剪辑等，为短视频增添更多创意元素。通过学习本书，读者能够充分了解剪映的各项功能，创作出专业级的短视频作品。

本书附赠80多个实操案例解析＋120多分钟同步教学视频＋740多张图片解析＋40多组AI提示词等资源，为读者提供多维度、全方位的学习支持。

本书适合短视频创作者、社交媒体营销人员、内容创作爱好者，以及对视频制作感兴趣的人员阅读。

图书在版编目 (CIP) 数据

剪映短视频6项全能应用：剪同款＋AI作图＋画中画＋
一键成片＋图文成片＋AI玩法 / 古月编著. -- 北京：清华大学
出版社, 2025. 7. -- ISBN 978-7-302-69799-2

Ⅰ. TP317.53

中国国家版本馆 CIP 数据核字第 2025DM7534 号

责任编辑：李　磊
封面设计：杨　曦
版式设计：思创景点
责任校对：成凤进
责任印制：刘　菲

出版发行：清华大学出版社
　　　　　网　　　　址：https://www.tup.com.cn，https://www.wqxuetang.com
　　　　　地　　　　址：北京清华大学学研大厦A座　　　　邮　　编：100084
　　　　　社 总 机：010-83470000　　　　　　　　　　　邮　　购：010-62786544
　　　　　投稿与读者服务：010-62776969，c-service@tup.tsinghua.edu.cn
　　　　　质 量 反 馈：010-62772015，zhiliang@tup.tsinghua.edu.cn
印 装 者：三河市铭诚印务有限公司
经　　销：全国新华书店
开　　本：170mm×240mm　　印　　张：12.75　　字　　数：232千字
版　　次：2025年9月第1版　　印　　次：2025年9月第1次印刷
定　　价：89.00元

产品编号：107460-01

Preface 前言

当下，短视频已然深度融入人们的日常生活，它凭借独特的魅力与强大的传播力，彻底革新了传统的娱乐模式，为信息的高效传递、商业的多元推广，以及个人品牌的塑造，搭建起一个充满无限可能的全新舞台。

然而，在短视频快速发展的潮流中，用户也面临诸多痛点：在海量信息与激烈竞争的双重作用下，用户普遍缺乏创意与灵感，以及系统性的创意激发方法与工具；对于初涉短视频领域或对剪辑技能尚不娴熟的用户而言，往往需要投入大量时间去学习各项功能；在快节奏的时代背景下，传统短视频制作流程烦琐、效率低下，难以满足高效创作的需求；尽管高质量的设计图片和绘画作品能够显著增强短视频的吸引力，但传统绘画方式不仅成本高昂，而且耗时较长；短视频的视觉效果对于吸引观众至关重要，然而用户在面对海量杂乱素材时往往无从下手，视频产出形式单一，难以形成独具特色的风格。

本书正是在这样的背景下精心编写而成的。书中凭借系统且全面的知识传授，以及丰富实用的实战经验分享，为短视频剪辑领域的专业人士和爱好者提供有力支持，帮助他们解决创作过程中遭遇的诸多痛点。通过学习本书，读者能够熟练掌握剪映的剪辑技术在短视频领域的运用诀窍，从而在短视频蓬勃发展的浪潮中脱颖而出。

本书特点

- **全面覆盖**：本书体系完整，针对剪映手机版和剪映电脑版两个版本展开讲解。书中系统性地介绍了剪映短视频制作的 6 大核心功能，涵盖剪同款、AI 作图、画中画、一键成片、图文成片，以及 AI 玩法，为读者提供从基础到进阶的全方位学习路径。

- **理实结合**：本书不仅注重理论知识的讲解，还着重强化了实战操作环节。书中案例和教程均基于实际场景设计，保障读者能够学以致用。每章均配有详细的案例分析与步骤指导，助力读者快速掌握操作要领，将剪映的核心技术应用于短视频剪辑工作，提升实战能力。

- **案例丰富**：全书围绕剪映的 6 项功能，精心设计了 80 多个范例，详细阐述了设计与制作方法，帮助用户在掌握剪映短视频创作技巧的过程中，进一步提升操作的熟练度。

- **配套资源**：书中附赠 40 多组 AI 提示词、130 多个精心设计的素材与效果文件，以及 120 多分钟同步教学视频。这些资源不仅能够帮助读者更好地理解和掌握书中内容，还能激发创作灵感，促进实践创新。

温馨提示

- **版本更新：** 在本书编写过程中，所采用的操作图片均为基于当时剪映手机版和电脑版截取的实际操作界面。然而，图书从编辑到出版存在一定周期，在此期间，剪映的功能和界面可能会发生变动。因此，读者在阅读本书时，建议依据书中思路灵活变通、举一反三进行学习。本书使用的剪映的版本信息如下：剪映手机版为 14.8.0 版本，剪映电脑版为 6.6.0 版本。

- **提示词应用：** 提示词也称为关键字、关键词、描述词、输入词、代码等。值得注意的是，即便采用相同的提示词，AI 工具在每次生成文案、图片或视频内容时，所输出的结果仍会存在差异。

- **会员功能：** 剪映软件中的部分功能需订阅会员方可使用。建议热衷于探索剪映各项功能的用户订阅会员，畅享软件功能，提升使用体验。

资源获取

本书提供素材文件、案例效果、教学视频、提示词等资源，读者可扫描下方的配套资源二维码获取。读者也可直接扫描书中的二维码，观看教学视频。此外，本书附赠丰富的学习资源，包括 26 个 AI 分镜效果制作技巧、28 个 AI 电影剧本创作技巧、30 个 AI 分镜工具使用技巧、30 个 AI 智能体 + 工作流实战技巧、42 个 DeepSeek+ 提示工程应用技巧、45 个 AIGC 智能体提问商业实操案例、126 组 AI 短视频提示词，以及 AI 音乐歌词歌曲生成教程，读者可扫描下方的赠送资源二维码获取。

配套资源

赠送资源

作者信息

本书由古月编著，吴梦梦也参与了本书的编写工作。

鉴于作者水平所限，加之编写时间较为仓促，书中可能存在疏漏与欠妥之处，欢迎读者朋友们不吝赐教、予以指正。

编　者

2025.05

Contents 目录

第1章
剪同款

　　在剪映手机版中，"剪同款"功能可让用户浏览并选择其他用户分享的热门视频模板，一键导入素材，即可自动套用模板的剪辑效果、配乐、文字样式等，从而生成自己的视频作品。剪映电脑版的"模板"功能与手机版的"剪同款"功能本质相同，均是套用其他用户分享的视频模板来生成视频。本章将介绍使用剪映手机版和电脑版制作同款视频的操作方法。

1.1　剪热门同款

　　"剪同款"是视频编辑或图像处理软件中的常见功能，用户可借助其中的视频或设计模板，快速打造类似风格的作品。该功能允许用户保留原模板的基本框架与风格，并可按需调整文字内容、替换图片或视频片段，以快速实现个性化定制。

1.1.1　萌娃相册

　　【效果展示】：在剪映手机版中，可利用"剪同款"功能将多张可爱的萌娃写真照片制作成一段动态的电子相册视频，让照片更加生动，效果如图 1-1 所示。

效果展示　　　**视频教学**

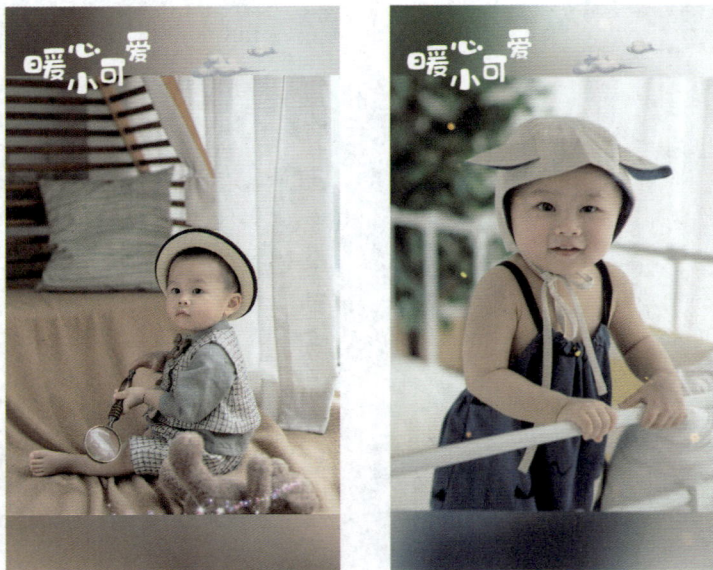

图 1-1　效果展示

　　下面介绍在剪映手机版中制作萌娃相册的操作方法。

01　在手机中打开应用市场 App，❶在搜索栏中输入并搜索"剪映"；❷在搜索结果中，点击剪映右侧的"安装"按钮，如图 1-2 所示。

02　下载安装成功后，在界面中点击"打开"按钮，如图 1-3 所示。

图 1-2　搜索并安装剪映

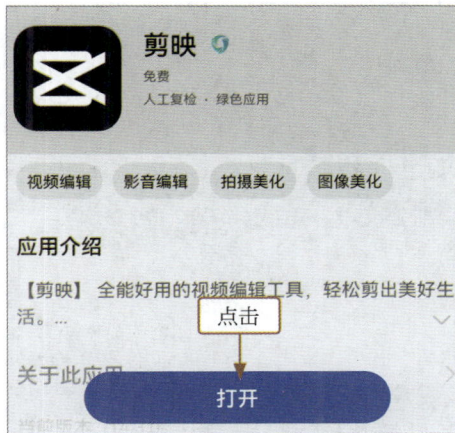

图 1-3　点击"打开"按钮

03　进入剪映手机版，点击"抖音登录"按钮，如图 1-4 所示，即可登录剪映账号。

04　稍等片刻，在弹出界面的左上方，显示了抖音的头像，如图 1-5 所示，即说明登录成功。

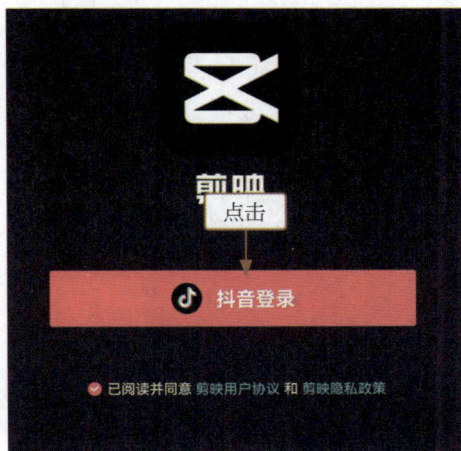

图 1-4　点击"抖音登录"按钮

图 1-5　显示抖音头像

05　❶点击"剪同款"按钮，进入"剪同款"界面；❷点击展开按钮 ✅，如图 1-6 所示。

06　展开全部分类，在其中选择"萌娃"选项，如图 1-7 所示。

07　进入模板界面，选择合适的模板，如图 1-8 所示。

08　在选择的模板界面中，点击右下角的"剪同款"按钮，如图 1-9 所示。

09　进入"照片视频"界面，❶在"照片"选项卡中，依次选择 4 张萌娃照片；❷点击"下一步"按钮，
　　如图 1-10 所示。

10　稍等片刻，即可生成一段视频，点击▶按钮，如图 1-11 所示，预览视频效果。

图 1-6　点击相应按钮

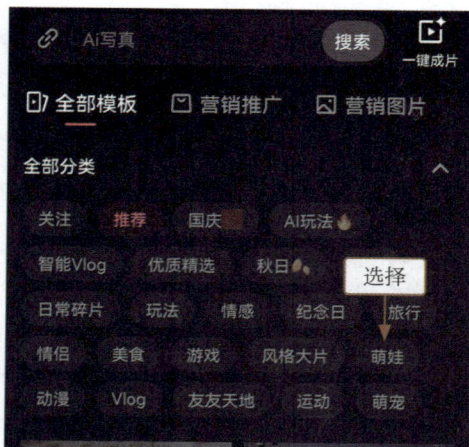

图 1-7　选择"萌娃"选项

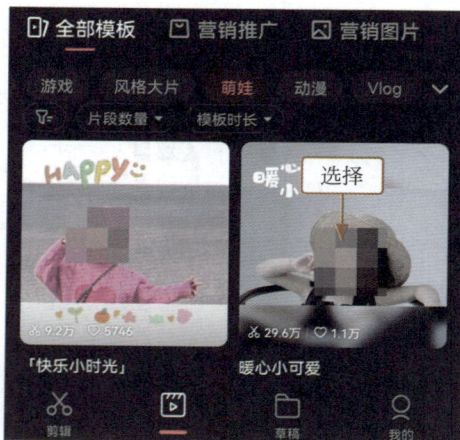

图 1-8　选择合适的模板

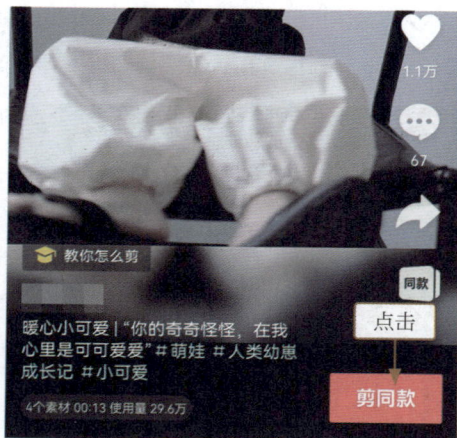

图 1-9　点击"剪同款"按钮

图 1-10　选择照片

图 1-11　点击播放按钮

11 操作完成后，点击"导出"按钮，如图 1-12 所示。

12 在弹出的"导出设置"面板中，点击 按钮，如图 1-13 所示，将视频导出至本地相册中。

图 1-12　点击"导出"按钮

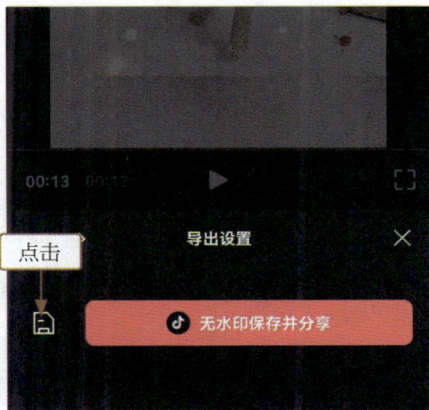
图 1-13　导出视频

1.1.2　动漫特效

【**效果对比**】：随着动漫文化的流行，动漫特效契合市场对流行元素的需求，助力用户紧跟流行趋势，制作出吸引观众的作品。剪映中的动漫特效，能够将普通视频或图片转化为动漫风格，提升视频的趣味性与吸引力，效果对比如图 1-14 所示。

效果展示

视频教学

图 1-14　原图与效果对比

下面介绍在剪映手机版中制作动漫特效的操作方法。

01 打开剪映手机版，❶点击"剪同款"按钮，进入"剪同款"界面；❷点击展开按钮，如图 1-15 所示。

02 展开全部分类，在其中选择"动漫"选项，如图 1-16 所示。

图 1-15 选择"剪同款"功能并展开

图 1-16 选择"动漫"选项

03 进入"动漫"界面，在界面下方选择合适的模板，如图 1-17 所示。

04 进入模板界面，点击右下角的"剪同款"按钮，如图 1-18 所示。

图 1-17 选择合适的模板

图 1-18 点击"剪同款"按钮

05 进入"照片视频"界面，❶在"照片"选项卡中选择一张照片；❷点击"下一步"按钮，如图 1-19 所示。

06 稍等片刻，即可生成一段视频，点击▶按钮，即可预览视频效果，如图 1-20 所示。

图 1-19　选择照片

图 1-20　预览视频效果

07　操作完成后，点击"导出"按钮，如图 1-21 所示。

08　在弹出的"导出设置"面板中，点击 按钮，如图 1-22 所示，把视频导出至本地相册中。

图 1-21　点击"导出"按钮

图 1-22　导出视频

1.1.3　美食视频

　　剪映提供了各种美食视频模板，这些模板经过精心设计，融合了多种创意元素与风格，制作出的美食视频画面精致、色彩诱人，将美食的色泽、质感完美呈现，能够助力用户轻松制作出独具个性化且极具吸引力的视频内容。

　　下面分别介绍使用剪映手机版的"剪同款"和电脑版的"模板"功能，制作美食视频的操作方法。

1. 剪映手机版

【**效果展示**】：若想将多张美食照片制作成视频，只需在剪映中使用"剪同款"功能，并选择合适的模板进行套用，即可快速生成美食视频，效果如图1-23所示。

效果展示　　　视频教学

图1-23　效果展示

下面介绍在剪映手机版中制作美食视频的操作方法。

01　打开剪映手机版，❶点击"剪同款"按钮，进入"剪同款"界面；❷点击展开按钮，如图1-24所示。

02　展开全部分类，在其中选择"美食"选项，如图1-25所示。

图1-24　选择"剪同款"功能并展开

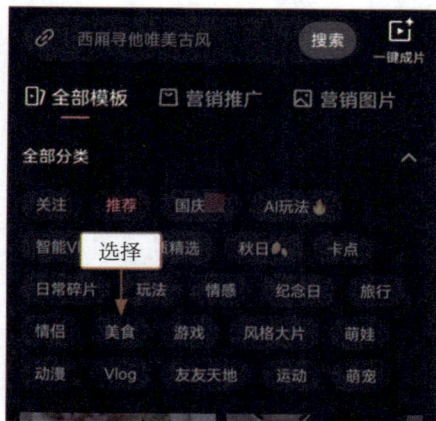

图1-25　选择"美食"选项

03 进入"美食"界面,在界面下方选择合适的模板,如图 1-26 所示。

04 进入模板界面,点击右下角的"剪同款"按钮,如图 1-27 所示。

图 1-26 选择合适的模板

图 1-27 点击"剪同款"按钮

05 进入"照片视频"界面,❶在"照片"选项卡中,依次选择 4 张美食照片;❷点击"下一步"按钮,如图 1-28 所示。

06 稍等片刻,即可生成一段视频,点击"导出"按钮,如图 1-29 所示,导出视频。

图 1-28 选择美食照片

图 1-29 点击"导出"按钮

专家提醒

用户可以根据模板的使用量及点赞量来挑选模板,数值越大代表模板的热度越高,用其制作的视频也更容易成为热门作品。

2．剪映电脑版

【效果展示】： 对于日常生活中拍摄的美食照片或视频，借助剪映电脑版中的"模板"功能，能够轻松将其转化为精美的 Vlog 形式，或专业水准的美食宣传片，效果如图 1-30 所示。

效果展示　　**视频教学**

图 1-30　效果展示

下面介绍在剪映电脑版中制作美食视频的操作方法。

01 在电脑的浏览器中搜索并打开剪映官网，在页面中单击"立即下载"按钮，如图 1-31 所示。

图 1-31　单击"立即下载"按钮

02 在弹出的"新建下载任务"对话框中，单击"直接打开"按钮，如图 1-32 所示。

03 下载并安装成功后，进入剪映电脑版首页，单击左上方的"点击登录账户"按钮，如图 1-33 所示。

04 弹出登录对话框，电脑版有两种登录方式，用户可以单击"通过抖音登录"按钮，如图 1-34 所示，登录剪映账号。

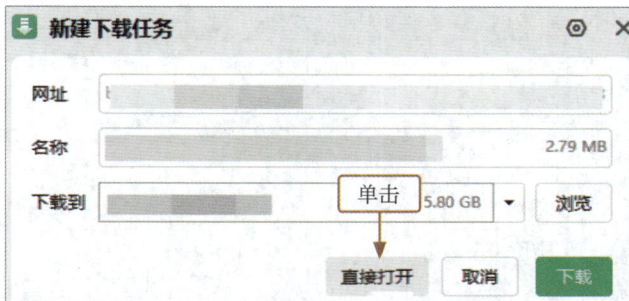

图 1-32　单击"直接打开"按钮

专家提醒

用户在登录剪映账号之前，需要先下载抖音 App，并登录抖音账号，之后才能登录剪映电脑版账号。

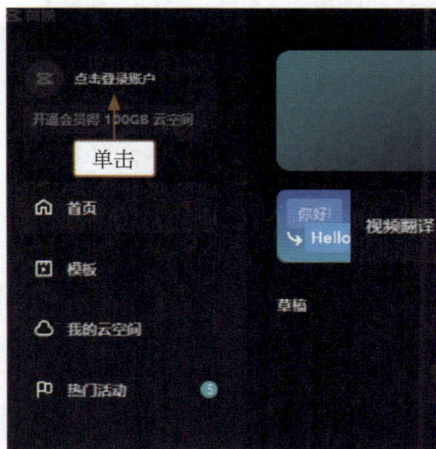

图 1-33　单击"点击登录账户"按钮

图 1-34　单击"通过抖音登录"按钮

05　进入剪映电脑版首页，如果页面左上方显示抖音头像，如图 1-35 所示，即为登录成功。

06　登录成功后，即可开始剪辑视频，❶单击"模板"按钮，进入"模板"界面；❷切换至"美食"选项卡；❸单击"画幅比例"按钮；❹在弹出的列表框中，选择"横屏"选项，如图 1-36 所示。

07　进入相应的模板页面，拖曳鼠标寻找合适的模板，找到合适模板后，单击"使用模板"按钮，如图 1-37 所示。

08　进入编辑界面，为了替换素材，单击第 1 段素材上方的"替换"按钮，如图 1-38 所示。

09　在弹出的"请选择媒体资源"对话框中，❶选择图片；❷单击"打开"按钮，如图 1-39 所示，替换素材。

10　用同样的方法，依次替换剩下的 4 段素材，如图 1-40 所示，即可成功制作美食视频。

图 1-35　显示抖音头像

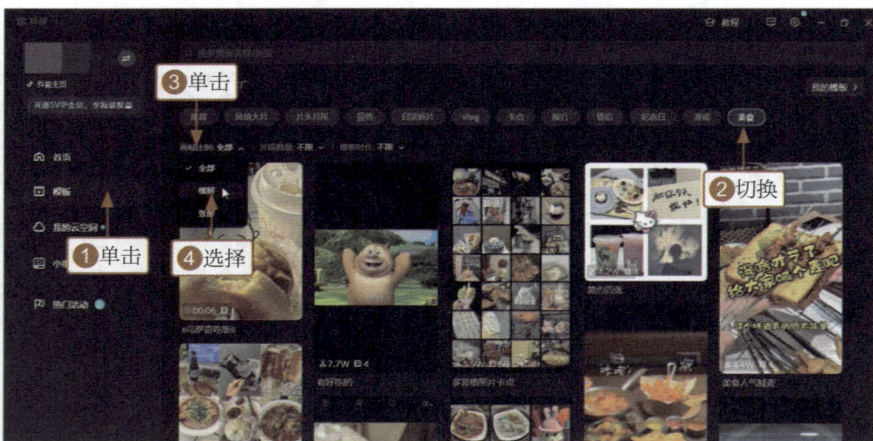

图 1-36　选择"横幅"选项

图 1-37　单击"使用模板"按钮

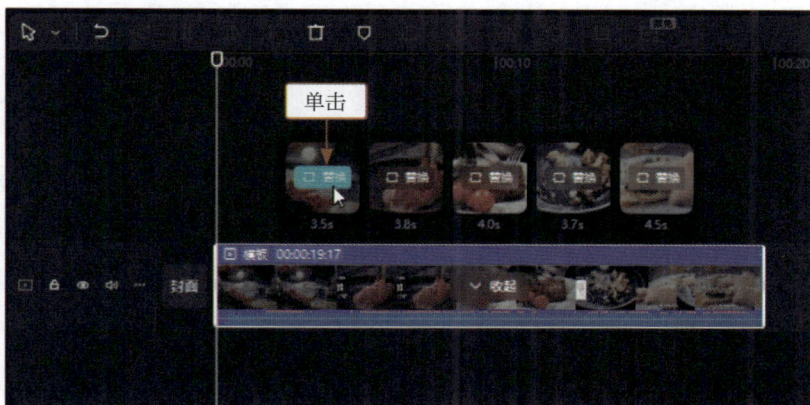

图 1-38 单击"替换"按钮

图 1-39 选择替换素材

图 1-40 依次替换 4 段素材

1.2 剪多个片段

在处理不同数量的素材时，剪映手机版的"剪同款"功能和电脑版的"模板"功能，均支持用户依据片段数量进行筛选，从而精准找到适配的模板，满足多样化的视频制作需求。

1.2.1 萌宠视频(3–5个片段)

【**效果展示**】：萌宠凭借可爱的外表及天真无邪的行为举止，总能轻而易举地激发人们内心深处的积极情绪。用户可使用剪映将多张宠物照片制作成一段视频，向广大观众分享这些可爱萌宠的动人瞬间，效果如图 1-41 所示。

效果展示　　　视频教学

图 1-41　效果展示

下面介绍在剪映手机版中制作萌宠视频的操作方法。

01　打开剪映手机版，❶点击"剪同款"按钮，进入"剪同款"界面；❷点击展开按钮 ﹀，如图 1-42 所示。

02 展开全部分类，在其中选择"萌宠"选项，如图 1-43 所示。

图 1-42　选择"剪同款"功能并展开

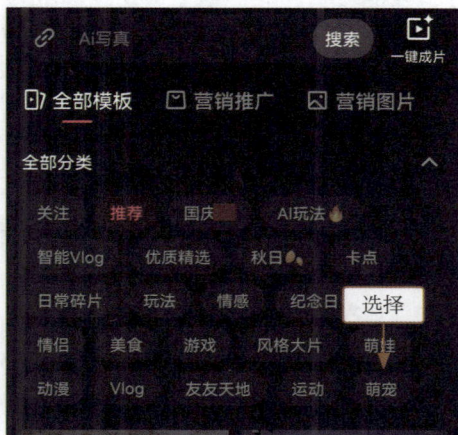

图 1-43　选择"萌宠"选项

03 进入"萌宠"界面，❶点击"片段数量"按钮；❷在展开的面板中，设置"片段数量"为 3-5 个；❸点击"确定"按钮，如图 1-44 所示。

04 执行操作后，系统会自动筛选出符合要求的模板，选择喜欢的模板，如图 1-45 所示。

图 1-44　设置片段数量

图 1-45　选择模板

05 进入模板界面，点击右下角的"剪同款"按钮，如图 1-46 所示。

06 进入"照片视频"界面，❶在"照片"选项卡中依次选择 3 张小猫照片；❷点击"下一步"按钮，如图 1-47 所示。

07 稍等片刻，即可生成一段视频，点击"导出"按钮，如图 1-48 所示。

08 在弹出的"导出设置"面板中，点击 按钮，如图 1-49 所示，将视频导出至本地相册。

图 1-46 点击"剪同款"按钮

图 1-47 选择照片

图 1-48 点击"导出"按钮

图 1-49 导出视频

1.2.2 卡点视频(6-10个片段)

卡点视频的独特之处在于，能够巧妙地将画面切换与音乐节奏精准同步，大大增强了视频的节奏感与律动性，进而吸引更多观众的目光。凭借时尚的特质、动感的效果，卡点视频在当下众多热门短视频中备受青睐、应用广泛。

1. 剪映手机版

【效果展示】：在使用多段素材制作卡点视频时，步骤往往较为烦琐。此时，可使用"剪同款"功能，几秒钟即可完成视频的制作，大幅提升剪辑的效率，效果如图 1-50 所示。

效果展示　　　视频教学

图 1-50　效果展示

下面介绍在剪映手机版中制作卡点视频的操作方法。

01 打开剪映手机版，❶点击"剪同款"按钮，进入"剪同款"界面；❷点击展开按钮，如图 1-51 所示。

02 展开全部分类，在其中选择"卡点"选项，如图 1-52 所示。

 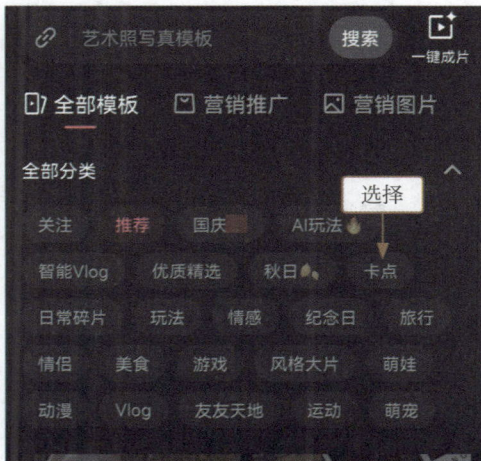

图 1-51　选择"剪同款"功能并展开　　　图 1-52　选择"卡点"选项

03　进入"卡点"界面，❶点击"片段数量"按钮；❷在展开的面板中，设置"片段数量"为 6-10 个；❸点击"确定"按钮，如图 1-53 所示。

04　执行操作后，系统会自动筛选出符合要求的模板，选择喜欢的模板，如图 1-54 所示。

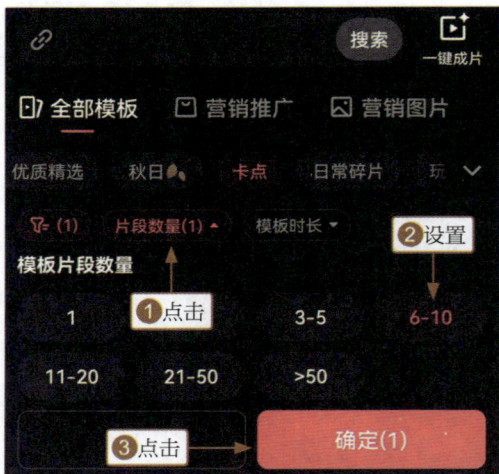

图 1-53　设置片段数量

图 1-54　选择模板

05　进入模板界面，点击右下角的"剪同款"按钮，如图 1-55 所示。

06　进入"照片视频"界面，❶在"照片"选项卡中依次选择 6 张人像照片；❷点击"下一步"按钮，如图 1-56 所示。

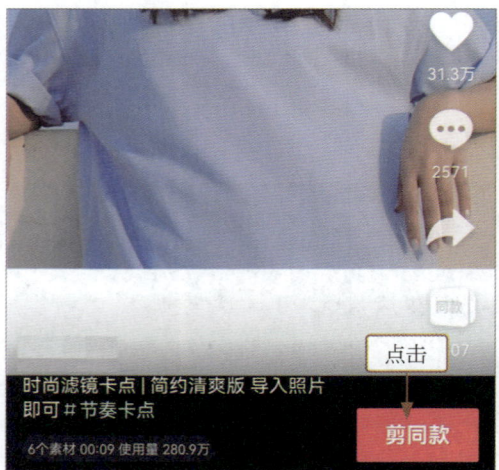

图 1-55　点击"剪同款"按钮

图 1-56　选择照片

07　稍等片刻，即可生成一段视频，点击"导出"按钮，如图 1-57 所示。

08　在弹出的"导出设置"面板中，点击 按钮，如图 1-58 所示，把视频导出至本地相册中。

图 1-57　点击"导出"按钮

图 1-58　导出视频

2. 剪映电脑版

【效果展示】：剪映电脑版的"模板"功能为用户开辟了一种创意表达途径，借助该功能，用户能够将普通的照片或视频一键转化为抖音上备受欢迎的卡点视频，效果如图 1-59 所示。

效果展示　　视频教学

图 1-59　效果展示

下面介绍在剪映电脑版中制作卡点视频的操作方法。

01 打开剪映电脑版，❶单击页面左侧的"模板"按钮，进入"模板"界面；❷切换至"卡点"选项卡；❸单击"片段数量"按钮；❹在展开的列表框中，设置"片段数量"为 6-10 个，如图 1-60 所示。

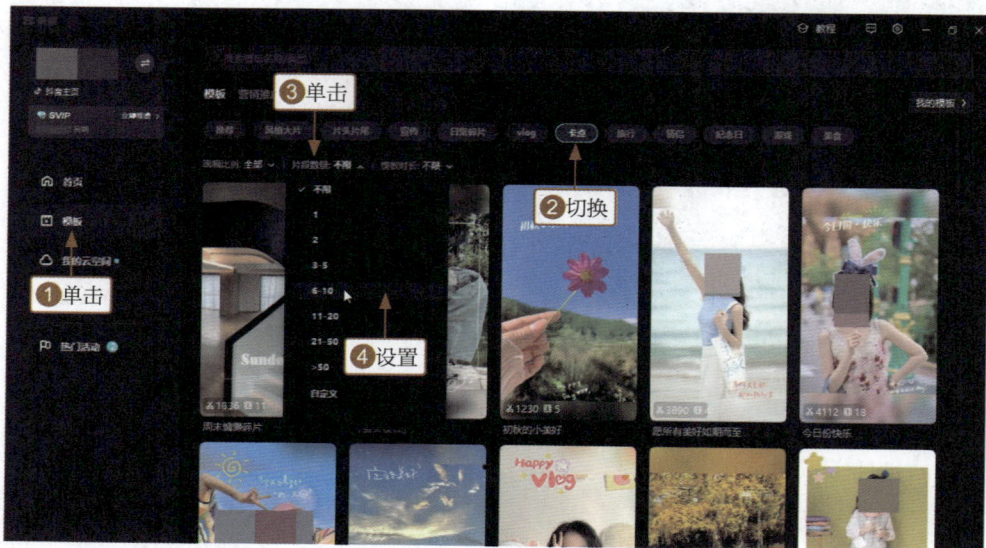

图 1-60　设置片段数量

02 进入"卡点"界面，拖曳鼠标至合适的模板上方，单击"使用模板"按钮，如图 1-61 所示。

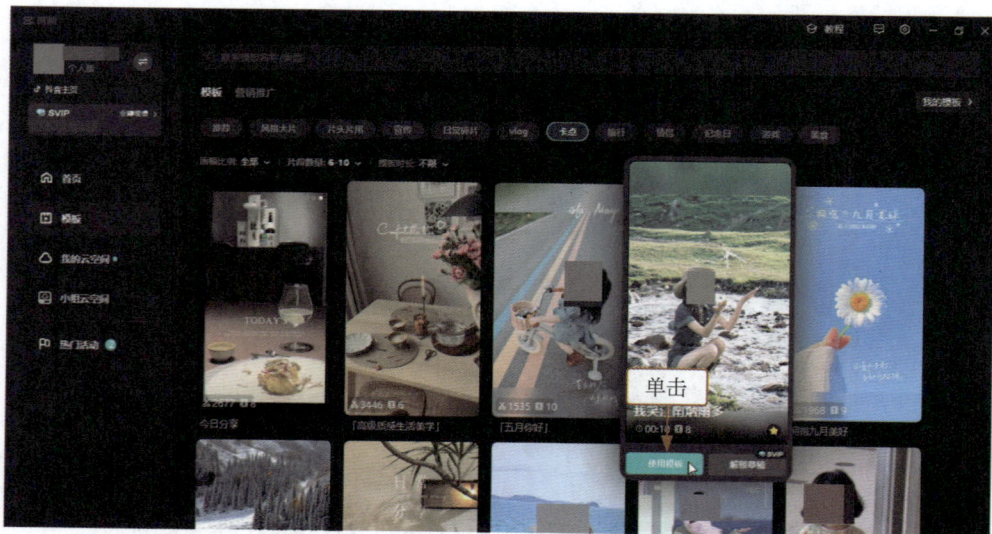

图 1-61　单击"使用模板"按钮

03 进入编辑界面，单击第 1 段素材上方的"替换"按钮，即可替换素材，如图 1-62 所示。

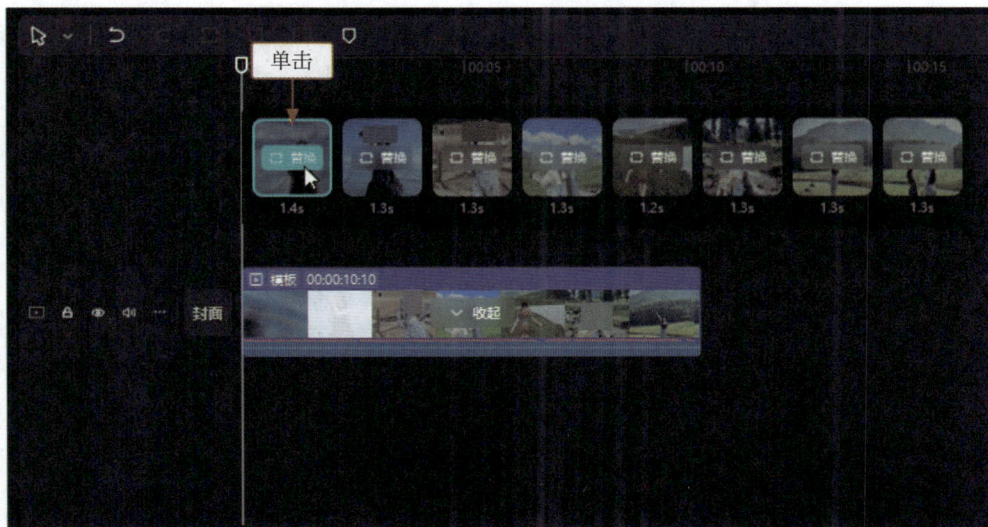

图 1-62 单击"替换"按钮

04 在弹出的"请选择媒体资源"对话框中，❶选择图片；❷单击"打开"按钮，如图 1-63 所示，替换素材。

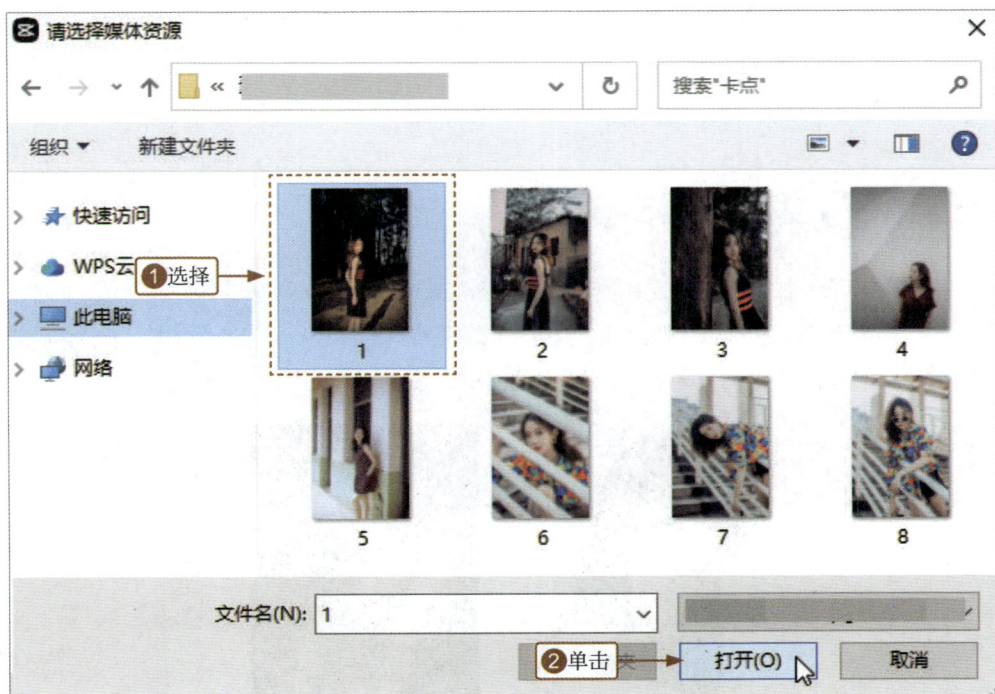

图 1-63 选择图片

05 用同样的方法，依次替换后面的 7 段素材，如图 1-64 所示，即可成功制作卡点视频。

图 1-64　依次替换素材

1.3　剪不同时长

在视频剪辑过程中，若用户期望对剪辑时长进行精准把控，"剪同款"与"模板"功能均能发挥显著作用。用户可通过筛选视频时长的方式，快速定位到契合自身需求的模板，进而高效、轻松地满足多样化的剪辑需求。

1.3.1　写真相册(15—30秒)

【效果展示】：在剪映手机版中，可使用"剪同款"功能制作写真相册。用户仅需上传一张人像照片，就可生成多张写真照片，并将这些照片组成一个电子写真相册，效果如图 1-65 所示。

效果展示　　视频教学

图 1-65　效果展示

下面介绍在剪映手机版中制作写真相册的操作方法。

01　打开剪映手机版，❶点击"剪同款"按钮，进入"剪同款"界面；❷点击界面上方的搜索栏，如图 1-66 所示。

02　❶输入并搜索"AI 写真集"；❷点击"筛选"按钮，如图 1-67 所示。

图 1-66　点击搜索栏

图 1-67　输入并筛选写真集

03　在弹出的"全部筛选"面板中，❶设置"模板时长"为"15-30 秒"；❷点击"确定"按钮，如图 1-68 所示。

04　执行操作后，系统会自动筛选出符合要求的模板，在界面下方选择合适的模板，如图 1-69 所示。

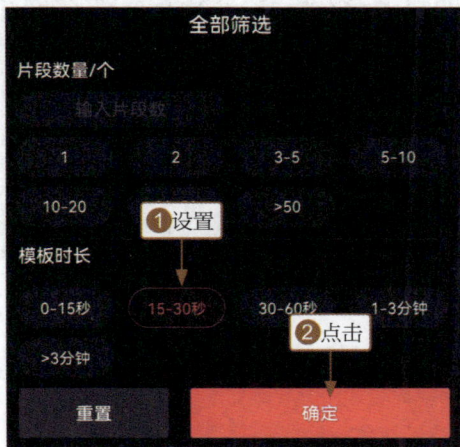

图 1-68　设置模板时长

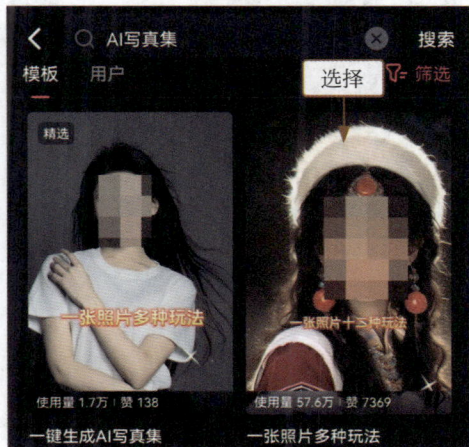

图 1-69　选择合适的模板

05　进入模板界面，点击右下角的"剪同款"按钮，如图 1-70 所示。

06　进入"照片视频"界面，❶在"照片"选项卡中，选择 1 张人像照片；❷点击"下一步"按钮，如图 1-71 所示。

图 1-70　点击"剪同款"按钮

图 1-71　选择人像照片

07 稍等片刻，即可生成一段视频，点击"导出"按钮，如图 1-72 所示。

08 在弹出的"导出设置"面板中，点击 📄 按钮，如图 1-73 所示，将视频导出至本地相册。

图 1-72　点击"导出"按钮

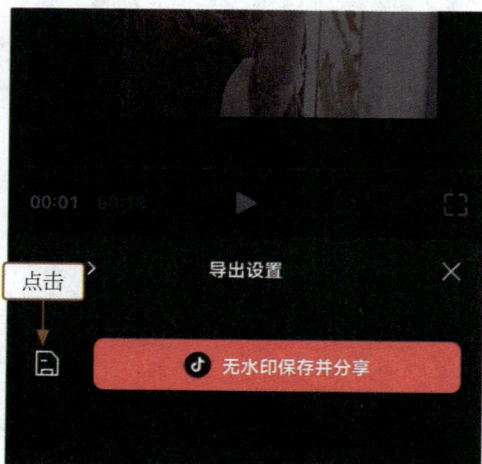

图 1-73　导出视频

1.3.2　旅行视频(30-60秒)

　　"剪同款"和"模板"功能，都支持用户一键套用热门旅行视频的剪辑风格和特效，即便是毫无经验的新手用户，也能轻松制作出具有高质量水准的旅行视频。

1．剪映手机版

【效果展示】：对于旅行途中精心拍摄的风景视频素材，我们可以借助"剪同款"功能，轻松将其制作成兼具吸引力与个性化的旅行视频，让旅途中的美好瞬间以更生动的方式呈现，效果如图 1-74 所示。

效果展示　　视频教学

图 1-74　效果展示

下面介绍在剪映手机版中制作旅行视频的操作方法。

01 打开剪映手机版，❶点击"剪同款"按钮，进入"剪同款"界面；❷点击展开按钮 ，如图 1-75 所示。

02 展开全部分类，在其中选择"旅行"选项，如图 1-76 所示。

图 1-75　选择"剪同款"功能并展开

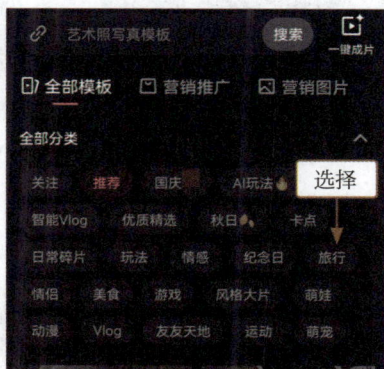

图 1-76　选择"旅行"选项

03 进入"旅行"界面，❶点击"模板时长"按钮；❷在展开的面板中，设置"模板时长"为"15-30 秒"；❸点击"确定"按钮，如图 1-77 所示。

04 执行操作后，系统会自动筛选出符合要求的模板，在界面下方选择合适的模板，如图 1-78 所示。

05 进入模板界面，点击右下角的"剪同款"按钮，如图 1-79 所示。

06 进入"照片视频"界面，❶在"照片"选项卡中，依次选择 13 段素材；❷点击"下一步"按钮，如图 1-80 所示。

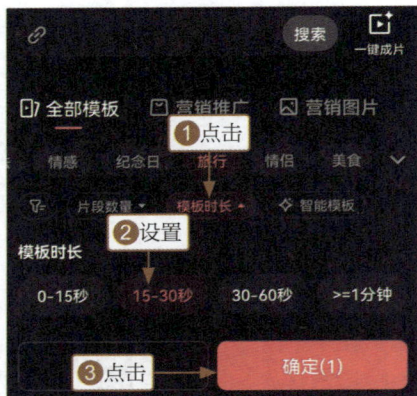

图 1-77 设置模板时长

图 1-78 选择合适的模板

图 1-79 点击"剪同款"按钮

图 1-80 选择照片素材

07　稍等片刻，即可生成一段视频。如果要删除视频中多余的文字，可点击"文本"按钮，如图 1-81 所示。

08　①选择文本框；②点击"删除"按钮，如图 1-82 所示，即可删除多余的文本。

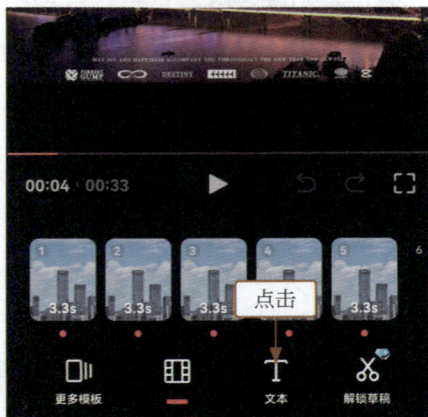

图 1-81 点击"文本"按钮

图 1-82 点击"删除"按钮

09 操作完成后，点击"导出"按钮，如图 1-83 所示。

10 在弹出的"导出设置"面板中，点击▣按钮，如图 1-84 所示，将视频导出至本地相册。

图 1-83 点击"导出"按钮　　　　　　　　图 1-84 导出视频

2. 剪映电脑版

【效果展示】：剪映电脑版中包含许多关于旅行主题的模板，用户只需挑选几段自己拍摄的风景视频，再搭配一段轻松的音乐，就能组合出风格迥异的旅行大片，让每一次旅程都能以独特的方式精彩呈现，效果如图 1-85 所示。

效果展示　　　　视频教学

图 1-85 效果展示

下面介绍在剪映电脑版中制作旅行视频的操作方法。

01 打开剪映电脑版，❶单击"模板"按钮，进入"模板"界面；❷切换至"旅行"选项卡；❸单击"模板时长"按钮；❹在展开的列表框中，设置"模板时长"为"30-60 秒"，如图 1-86 所示。

剪映短视频 6 项全能应用：剪同款＋AI 作图＋画中画＋一键成片＋图文成片＋AI 玩法

图 1-86 设置模板时长

02 进入模板界面，拖曳鼠标找到合适的模板，单击"使用模板"按钮，如图 1-87 所示。

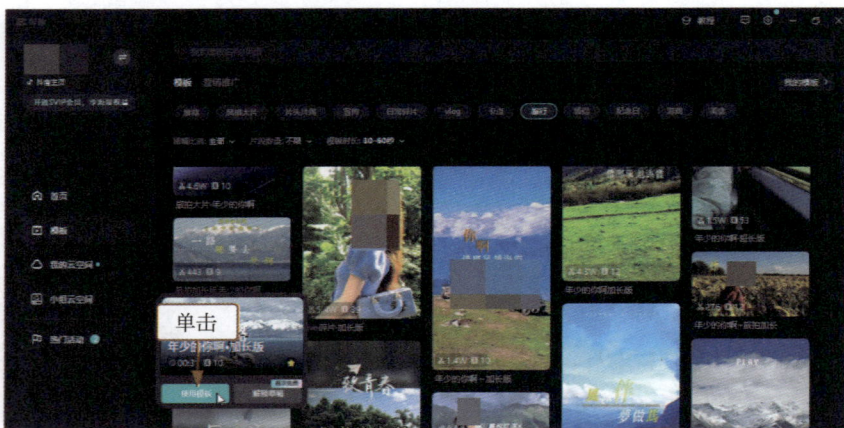

图 1-87 单击"使用模板"按钮

03 进入编辑界面，单击第 1 段素材上方的"替换"按钮，替换素材，如图 1-88 所示。

图 1-88 单击"替换"按钮

04 在弹出的"请选择媒体资源"对话框中，❶选择视频；❷单击"打开"按钮，如图 1-89 所示，替换视频素材。

图 1-89　选择替换视频

05 用同样的方法，依次替换后面的 9 段素材，如图 1-90 所示。至此，完成视频的制作。

图 1-90　依次替换 9 段素材

第 2 章

AI 作图

　　剪映具备强大的"AI 作图"功能，用户仅需输入提示词，系统就能依据描述内容一键生成精致的图像效果。借助这一功能，用户可节省大量的绘图时间，轻松化身"绘画师"。本章将详细介绍使用"AI 作图"功能绘制图片的方法。

2.1 以文生图

以文生图功能，犹如一座神奇的桥梁，能够将文字转化为生动的画作。即便用户毫无绘画基础，也能借其勾勒出心中所想的绝美画面。本节将详细介绍在剪映手机版中，运用"AI 作图"功能生成心仪图片的操作方法。

2.1.1 使用自定义提示词绘画

【效果展示】：用户可通过输入自定义提示词的方式生成图片。在输入提示词时，需要先输入绘画主体，然后输入主体的形状、风格和色彩等。为了让生成的图片更加清晰，用户还可以在提示词的最后加上"高清""高分辨率"等词汇，以此提升图片的质量，效果如图 2-1 所示。

视频教学

图 2-1 效果展示

下面介绍在剪映手机版中使用自定义提示词进行绘画的操作方法。

01 打开剪映手机版，进入"剪辑"界面，点击"展开"按钮，展开全部功能，在其中点击"AI 作图"按钮，如图 2-2 所示。

02 进入相应界面，❶点击提示词面板空白处；❷点击 ⊠ 按钮，如图 2-3 所示，清空提示词面板。

图 2-2　点击 "AI 作图" 按钮

图 2-3　清空提示词面板

03 ❶在提示词面板中，输入自定义提示词 "粉红色的荷花在水中盛开，近景特写，正对着阳光，真实细节，4K 高清，高分辨率"；❷点击 "立即生成" 按钮，如图 2-4 所示。

04 稍等片刻，剪映会自动生成 4 张图片，效果如图 2-5 所示。

图 2-4　输入提示词并生成

图 2-5　生成图片

专 家 提 醒

　　对于 AI 作图而言，提示词越清晰，生成的图片就越具象。若用户心中已有具体画面，需尽可能完整地描述提示词。不过要注意，即便提示词相同，剪映每次生成的图片效果也会存在差异。

2.1.2　使用通用模型进行绘画

【效果展示】：剪映中的通用模型为系统默认模型，它没有特定的风格，生成的图片也是通用场景下的画面，效果如图 2-6 所示。

视频教学

图 2-6　效果展示

下面介绍在剪映手机版中使用通用模型进行绘画的操作方法。

01　打开剪映手机版，进入"剪辑"界面，展开全部功能，在其中点击"AI 作图"按钮，如图 2-7 所示。

02　进入相应的界面，❶在提示词面板中，输入自定义提示词"一碗牛肉面，上面撒着葱花，特写，真实细节，4K 高清，高分辨率"；❷点击 ▦ 按钮，如图 2-8 所示。

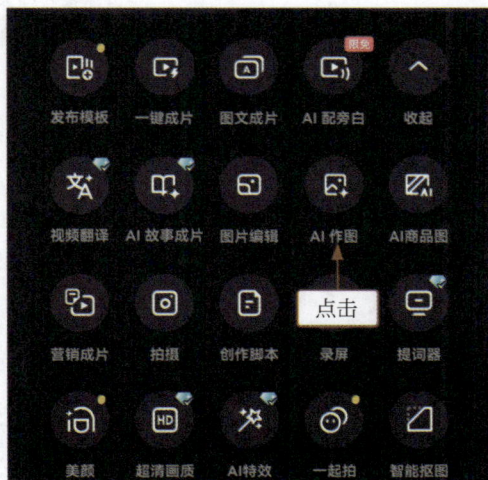

图 2-7　点击"AI 作图"按钮

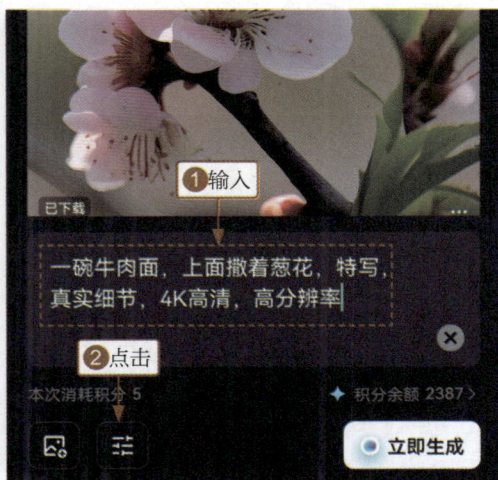

图 2-8　输入自定义提示词

03　进入"参数调整"面板，❶默认选择"通用 1.2"模型和 1:1 比例样式；❷点击 ☑ 按钮，确认操作，如图 2-9 所示，再点击"立即生成"按钮。

04 稍等片刻，剪映会生成 4 张图片，效果如图 2-10 所示。

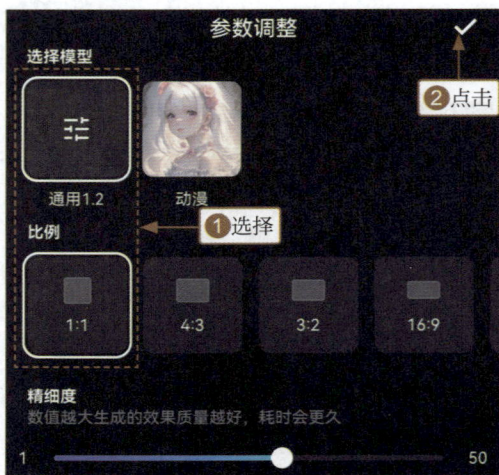

图 2-9 选择参数

图 2-10 生成图片

2.1.3 使用动漫模型进行绘画

【效果展示】：用户在使用剪映中的 AI 作图功能时，可以在参数调整面板中选择动漫模型进行绘画，这样生成的图片都是漫画风，图片效果会更加有趣味。用户还可以自定义一些参数，如动物的品种、发色、动作等，以达到更好的效果，如图 2-11 所示。

视频教学

图 2-11 效果展示

下面介绍在剪映手机版中使用动漫模型进行绘画的操作方法。

01 打开剪映手机版，进入"剪辑"界面，展开全部功能，在其中点击"AI 作图"按钮，如图 2-12 所示。

02 进入相应的界面，❶在提示词面板中，输入自定义提示词"趴在毯子上的白色小猫，可爱，细节，近景特写，真实，超高清，高分辨率"；❷点击按钮，如图 2-13 所示。

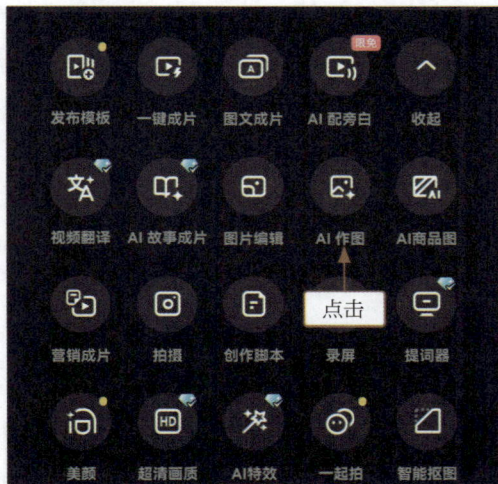

图 2-12　点击"AI 作图"按钮

图 2-13　输入自定义提示词

03 进入"参数调整"面板，❶选择"动漫"模型，将图片转化为动漫风格；❷点击✓按钮，确认操作，如图 2-14 所示，再点击"立即生成"按钮。

04 稍等片刻，剪映会生成 4 张图片，如图 2-15 所示。

图 2-14　选择参数

图 2-15　生成图片

2.2 调整参数

在进行 AI 作图时，剪映一次性生成的图片可能无法达到令人满意的效果。此时，用户可以根据需要来调整 AI 作图的参数，让生成的图片更加符合需求。本节将为大家介绍如何调整 AI 作图的参数。

2.2.1 调整AI作图的比例

【效果展示】：在剪映中进行 AI 绘画时，默认生成的图片比例是 1:1，用户可以根据自己的需求更改 AI 作图的比例，效果如图 2-16 所示。

视频教学

图 2-16 效果展示

下面介绍在剪映手机版中调整 AI 作图的比例的操作方法。

01 打开剪映手机版，进入"剪辑"界面，展开全部功能，在其中点击"AI 作图"按钮，如图 2-17 所示。

02 进入相应的界面，❶ 在提示词面板中，输入自定义提示词"一朵玫瑰花，花瓣的脉络清晰可见，细节，真实感，8K 高清，最佳画质"；❷ 点击 ▦ 按钮，如图 2-18 所示。

03 进入"参数调整"面板，❶ 选择"通用 1.2"模型；❷ 选择 4:3 比例样式，更改尺寸；❸ 点击 ✓ 按钮，确认操作，如图 2-19 所示，再点击"立即生成"按钮。

04 稍等片刻，剪映会生成 4 张图片，效果如图 2-20 所示。

☀
专家提醒

目前，剪映手机版中的"AI 作图"功能需要付费使用。如果用户运用该功能生成图片，则每次需要消耗 5 积分。

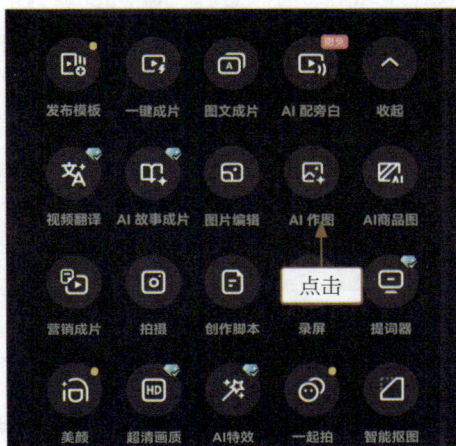

图 2-17　点击"AI 作图"按钮

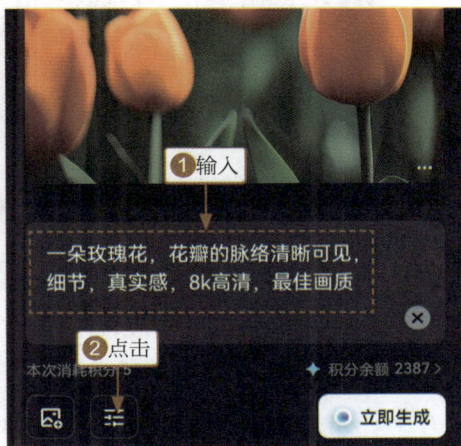

图 2-18　输入自定义提示词

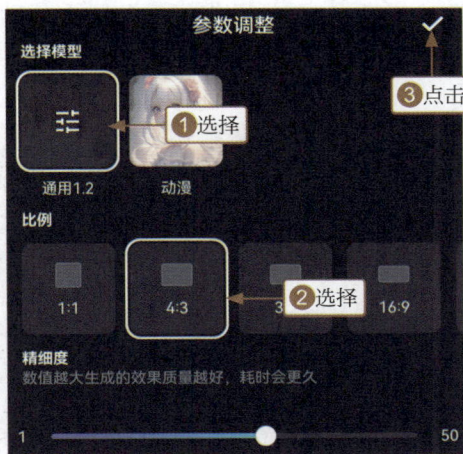

图 2-19　调整参数

图 2-20　生成图片

2.2.2　调整AI作图的精细度

【效果展示】：在剪映中进行 AI 绘画时，默认的精细度参数为 30，通过调整 AI 作图的精细度，用户可以控制图片的生成质量。精细度的参数越高，

视频教学

AI 作图的细节表现越丰富，质量也越好，但相应地，生成时间也会更久。用户可以根据自己的需求来定制图片，从而达到最佳的视觉效果，如图 2-21 所示。

图 2-21　效果展示

下面介绍在剪映手机版中调整 AI 作图的精细度的操作方法。

01 打开剪映手机版，进入"剪辑"界面，展开全部功能，在其中点击"AI 作图"按钮，如图 2-22 所示。

02 进入相应的界面，❶在提示词面板中，输入自定义提示词"一份雪山形状的冰淇淋，圆润而光滑，它的表面装饰着各种坚果和巧克力碎，真实细节，超高清"；❷点击 ▦ 按钮，如图 2-23 所示。

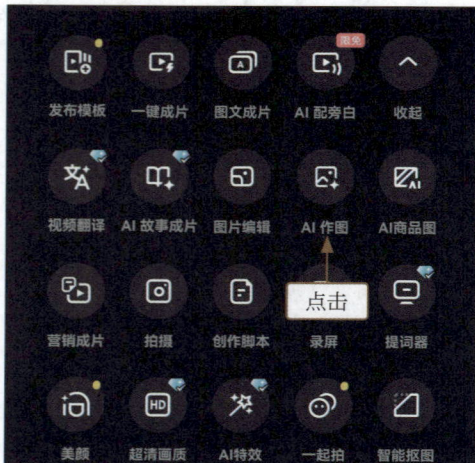

图 2-22　点击"AI 作图"按钮

图 2-23　输入自定义提示词

03 进入"参数调整"面板，❶选择"通用 1.2"模型；❷选择 1:1 比例样式；❸设置"精细度"参数为 50，提高图片质量；❹点击 ☑ 按钮，如图 2-24 所示，再点击"立即生成"按钮。

04 稍等片刻，剪映会生成 4 张图片，效果如图 2-25 所示。

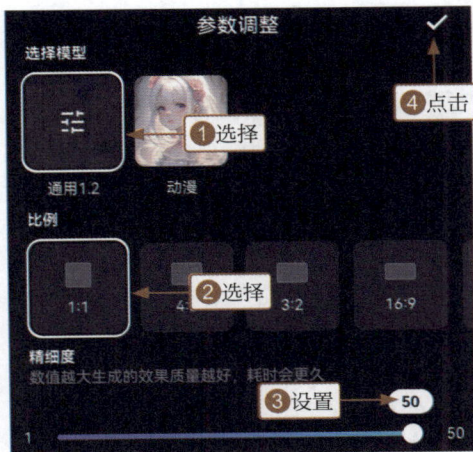

图 2-24 调整参数

图 2-25 生成图片

2.2.3 用AI作图再次生成图像

【效果展示】：如果用户对初次生成的图片不满意，可以选择再次生成图像，还可以进行高清图的生成和下载处理，效果如图 2-26 所示。

视频教学

图 2-26 效果展示

下面介绍在剪映手机版中再次生成图像的操作方法。

01　打开剪映手机版，点击"AI 作图"按钮，进入 AI 作图界面，❶在提示词面板中，输入提示词"一套陶瓷茶具，摆放整齐，有水壶和杯子，真实细节，4K 高清，高分辨率"；❷点击"立即生成"按钮，如图 2-27 所示。

02 稍等片刻，剪映会生成 4 张图片，如果用户对生成的图片效果不满意，可点击"再次生成"按钮，如图 2-28 所示。

图 2-27　输入提示词

图 2-28　点击"再次生成"按钮

03 稍等片刻，剪映会再次生成 4 张图片，❶选择合适的图片；❷点击"超清图"按钮，如图 2-29 所示。

04 生成超清图后，选中图片，点击"导出"按钮，如图 2-30 所示，即可导出图片。

图 2-29　点击"超清图"按钮

图 2-30　点击"导出"按钮

2.3　重绘细节

　　剪映中提供的重绘功能，堪称图片修复的得力助手。用户借助这些功能，可以对图片中的瑕疵或不足之处进行修复，如去除斑点、修复划痕、完善细节等，从而提升图片的整体质量。

2.3.1　局部重绘

视频教学

【效果对比】：局部重绘，是针对图片中的部分瑕疵进行更加细致的绘制，从而让图片更加符合需求，效果对比如图 2-31 所示。

图 2-31　原图与效果对比

下面介绍在剪映手机版中进行局部重绘的操作方法。

01　打开剪映手机版，进入"剪辑"界面，点击"AI 作图"按钮，进入相应的界面，❶在提示词面板中，输入提示词"晨光中的女子，人脸特写，金色阳光洒在她薄纱裙上，穿着白色连衣裙，手持一束花，微风中的长发轻轻摇曳，清新田园风格，8K 超高清"；❷点击"立即生成"按钮，如图 2-32 所示。

02　稍等片刻，剪映会生成 4 张图片，效果如图 2-33 所示。

图 2-32　输入提示词

图 2-33　生成图片

03　❶选择需要绘制的图片；❷点击"细节重绘"按钮，如图 2-34 所示。

04 稍等片刻，剪映会生成一张细节重绘后的图片，❶ 选择图片；❷点击"局部重绘"按钮，如图 2-35 所示。

图 2-34　选择细节重绘的图片

图 2-35　点击"局部重绘"按钮

05 弹出"局部重绘"面板，❶用画笔涂抹需要重新绘制的部分；❷点击"立即生成"按钮，如图 2-36 所示。

06 稍等片刻，剪映会生成 4 张重绘的图片，效果如图 2-37 所示。

图 2-36　涂抹需要重新绘制的部分

图 2-37　生成重绘的图片

2.3.2　消除笔重绘

【效果对比】：使用"消除笔"能够去除图像中不需要的元素，如笔迹、水印、多余的小物件等，从而提升画面整体的视觉效果，原图与效果对比如图

视频教学

2-38 所示。

图 2-38　原图与效果对比

下面介绍在剪映手机版中使用消除笔的操作方法。

01　打开剪映手机版，进入"剪辑"界面，点击"AI 作图"按钮，进入相应的界面，❶在提示词面板中，输入提示词"静物摄影，一只花瓶，里面插着几朵鲜花，写实，超高清"；❷点击"立即生成"按钮，如图 2-39 所示。

02　稍等片刻，剪映会生成 4 张图片，效果如图 2-40 所示。

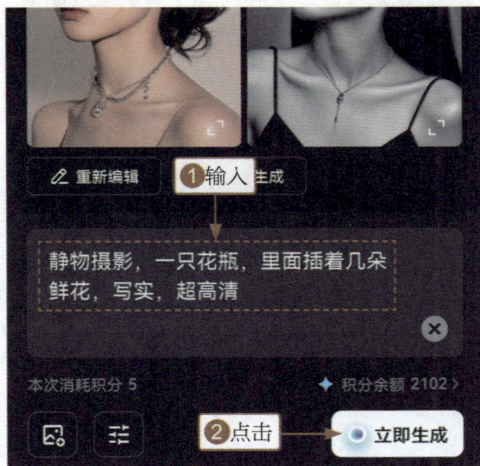

图 2-39　输入提示词

图 2-40　生成图片

03　❶选择一张图片；❷点击"细节重绘"按钮，如图 2-41 所示。

04　稍等片刻，剪映会生成一张细节重绘的图片，❶选择图片；❷点击"消除笔"按钮，如图 2-42 所示。

图 2-41　选择细节重绘的图片

图 2-42　点击"消除笔"按钮

05 弹出"消除笔"面板，❶用画笔涂抹图片中需要消除的部分；❷点击"立即生成"按钮，如图 2-43 所示。

06 稍等片刻，剪映会生成一张消除部分元素后的图片，效果如图 2-44 所示。

图 2-43　涂抹需要消除的部分

图 2-44　生成一张消除后的图片

2.3.3　扩图

【效果对比】：剪映手机版中的"扩图"功能，能够智能识别图片内容，并在保持图片画质和细节的同时，对图片进行放大，原图与效果对比如图 2-45 所示。

视频教学

图 2-45　原图与效果对比

下面介绍在剪映手机版中进行扩图的操作方法。

01　打开剪映手机版，进入"剪辑"界面，点击"AI 作图"按钮，进入相应的界面，❶在提示词面板中，输入提示词"萌宠，布偶猫，可爱，特写，真实照片，超高清，8k 分辨率"；❷点击"立即生成"按钮，如图 2-46 所示。

02　稍等片刻，剪映会生成 4 张图片，效果如图 2-47 所示。

图 2-46　输入提示词

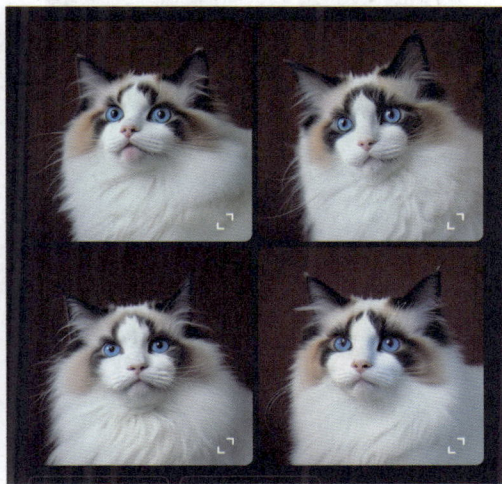

图 2-47　生成图片

03　❶选择一张图片；❷点击"细节重绘"按钮，如图 2-48 所示。

04　稍等片刻，剪映会生成一张细节重绘的图片，❶选择图片；❷点击"扩图"按钮，如图 2-49 所示。

图 2-48　选择细节重绘的图片

图 2-49　点击"扩图"按钮

05 进入"扩图"界面，❶在"等比扩图"选项卡中，设置扩图倍数为 2x；❷点击"立即生成"按钮，如图 2-50 所示。

06 稍等片刻，剪映会生成 4 张扩大后的图片，如图 2-51 所示。

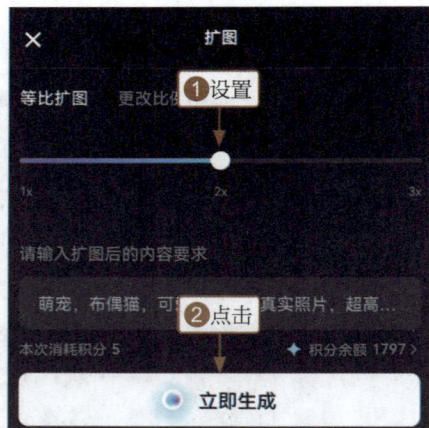

图 2-50　设置扩图比例并生成图片

图 2-51　生成扩大后的图片

2.4　以图生图

　　以图生图功能支持用户上传图片，随后借助 AI 技术参考图片中的人物长相或主体特征，生成与该图片相似或存在一定关联的新图片。剪映"AI 作图"具备此功能，本节将介绍其中两种以图生图方式的操作方法。

2.4.1　参考人物长相更换造型

【效果对比】：在"AI 作图"功能中，可通过"参考人物长相"的方式，自动识别照片中主体的长相和样貌，然后输入人物照片的提示词，系统会生成一组全新的造型图片，效果对比如图 2-52 所示。

视频教学

图 2-52　原图与效果对比

下面介绍在剪映手机版中参考人物长相更换造型的操作方法。

01　打开剪映手机版，点击"AI 作图"按钮，进入 AI 作图界面，点击左下角的图片按钮🖼，如图 2-53 所示。

02　进入"照片视频"界面，❶选择一张照片；❷点击"添加"按钮，如图 2-54 所示，即可上传照片。

图 2-53　点击图片按钮

图 2-54　选择并添加照片

03 进入"参考图"界面，❶点击"人物长相"按钮，系统会自动识别照片中的人物长相和样貌；❷点击"保存"按钮，如图 2-55 所示。

04 回到"创作"界面，❶输入相应的人物照片提示词；❷点击"立即生成"按钮，如图 2-56 所示。

图 2-55　识别人物长相

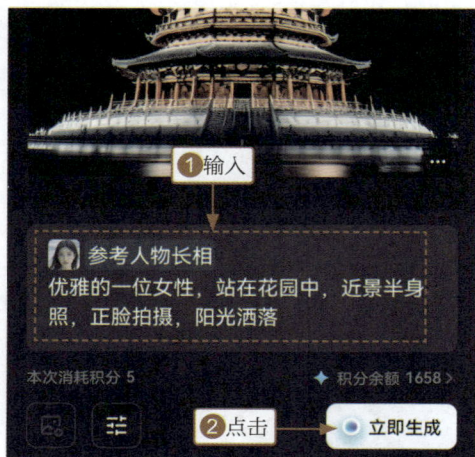

图 2-56　输入提示词并生成图片

专家提醒

在使用 AI 作图功能时，提示词是非常重要的。正确输入提示词，可以提高 AI 图片的准确性和精美性。提示词并非越多越好，冗长的描述可能导致模型难以理解和执行，因此在保证提示词精准的同时，应 尽可能描述完整细节，以减少失误。

---

05 稍等片刻，即可生成 4 张图片，效果如图 2-57 所示。

06 ❶选择需要保存的图片；❷点击"下载"按钮，如图 2-58 所示，即可保存图片。

图 2-57　生成图片

图 2-58　选择并下载图片

2.4.2　参考主体更换背景

【效果对比】：在"AI 作图"功能中，可通过"参考主体"的方式，自动识别照片中的主体轮廓，然后输入需要更换的背景提示词，系统会生成一组全新背景的图片，效果对比如图 2-59 所示。

视频教学

图 2-59　原图与效果对比

下面介绍在剪映手机版中参考主体更换背景的操作方法。

01　打开剪映手机版，点击"AI 作图"按钮，进入 AI 作图界面，点击左下角的图片按钮，如图 2-60 所示。

02　进入"照片视频"界面，❶选择一张照片；❷点击"添加"按钮，如图 2-61 所示，即可上传照片。

图 2-60　点击图片按钮

图 2-61　选择并添加图片

03　进入"参考图"界面，❶点击"主体"按钮，系统会自动识别照片中的主体；❷点击"保存"按钮，如图 2-62 所示。

04 回到"创作"界面，❶输入人物照片提示词；❷点击"立即生成"按钮，如图 2-63 所示。

图 2-62　识别照片主体

图 2-63　输入提示词并生成图片

05 稍等片刻，即可生成 4 张图片，效果如图 2-64 所示。

06 ❶选择需要保存的图片；❷点击"下载"按钮，如图 2-65 所示，即可保存图片。

图 2-64　生成图片

图 2-65　选择并下载图片

2.5　灵感绘画

　　在灵感库中，系统推荐了非常多的模板和图画类型。用户可以根据自己的喜好和需求，制作同款效果的图像。本节将介绍 3 种不同灵感模板的使用方法。

2.5.1　摄影模板

【效果展示】："摄影"模板能够生成具有摄影风格的图片，包括人物写实、风景摄影等，满足用户对不同风格图片的需求，效果如图 2-66 所示。

图 2-66　效果展示

下面介绍在剪映手机版中使用摄影模板的操作方法。

01　打开剪映手机版，点击"AI 作图"按钮，进入 AI 作图界面，点击"灵感"按钮，如图 2-67 所示。

02　进入"灵感"界面，❶切换至"摄影"选项卡；❷点击所选模板右下方的"做同款"按钮，如图 2-68 所示。

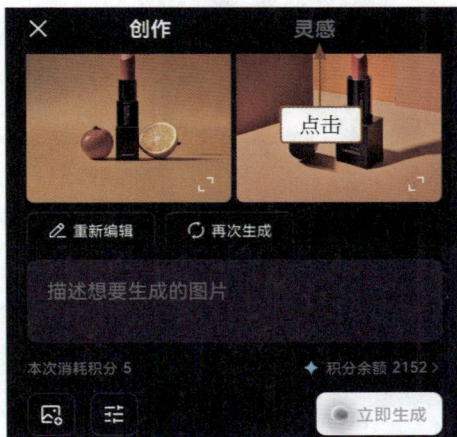

图 2-67　点击"灵感"按钮

图 2-68　点击"做同款"按钮

03　❶提示词面板中会自动生成相应的模板提示词；❷点击"立即生成"按钮，如图 2-69 所示。

04　稍等片刻，剪映会生成 4 张图片，效果如图 2-70 所示。

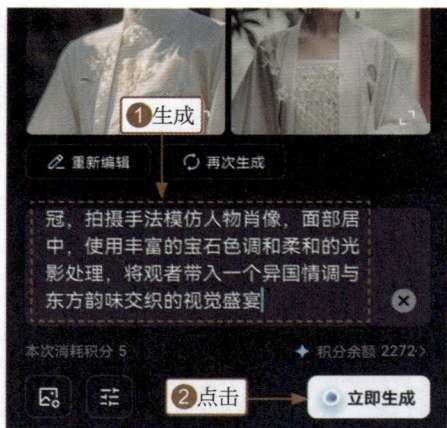

图 2-69　生成模板提示词

图 2-70　生成图片

2.5.2　插画模板

【效果展示】："插画"模板功能强大，可生成多种风格的精美插画图片。用户借助这一模板，能够快速且便捷地创作出不同风格的插画作品，满足多样化的需求，效果如图 2-71 所示。

视频教学

图 2-71　效果展示

下面介绍在剪映手机版中使用插画模板的操作方法。

01　打开剪映手机版，点击"AI 作图"按钮，进入 AI 作图界面，点击"灵感"按钮，如图 2-72 所示。

02　进入"灵感"界面，❶切换至"插画"选项卡；❷点击所选模板右下方的"做同款"按钮，如图 2-73 所示。

图 2-72　点击"灵感"按钮

图 2-73　点击"做同款"按钮

03 ❶提示词面板中会自动生成相应的模板提示词；❷点击"立即生成"按钮，如图 2-74 所示。

04 稍等片刻，剪映会生成 4 张图片，效果如图 2-75 所示。

图 2-74　生成模板提示词

图 2-75　生成图片

2.5.3　设计模板

【效果展示】："设计"模板专注于生成具有设计感的图片，适用于各种设计场景，如设计图案、产品图、手办等，效果如图 2-76 所示。

下面介绍在剪映手机版中使用设计模板的操作方法。

视频教学

图 2-76　效果展示

01　打开剪映手机版，点击"AI 作图"按钮，进入 AI 作图界面，点击"灵感"按钮，如图 2-77 所示。

02　进入"灵感"界面，❶切换至"设计"选项卡；❷点击所选模板右下方的"做同款"按钮，如图 2-78 所示。

图 2-77　点击"灵感"按钮

图 2-78　点击"做同款"按钮

03　❶提示词面板中会自动生成模板提示词；❷点击"立即生成"按钮，如图 2-79 所示。

04　稍等片刻，剪映会生成 4 张图片，效果如图 2-80 所示。

图 2-79　生成模板提示词

图 2-80　生成图片

2.6　应用实例

　　在使用剪映时，用户可充分利用"AI 作图"功能，依据个人项目需求和创意愿景，轻松制作出多样化的图片内容。此功能既丰富了视频制作素材库，又赋予用户前所未有的灵活性与控制力，提升了创作效率与作品质量。本节将介绍"AI 作图"功能的相关应用实例。

2.6.1　生成动漫插画效果

　　【效果展示】：插画原为书籍、出版物中用以辅助文字说明或增强视觉效果的配图。在动漫类书籍里，人物动漫插画尤为常见，这类插画风格多偏向唯美清新，以细腻笔触与柔和色彩营造出灵动梦幻的视觉氛围，效果如图 2-81 所示。

视频教学

图 2-81　效果展示

　　下面介绍在剪映手机版中生成动漫插画效果的操作方法。

01　打开剪映手机版，进入"剪辑"界面，展开全部功能，在其中点击"AI 作图"按钮，如图 2-82 所示。

02　进入相应的界面，❶在提示词面板中，输入自定义提示词"一个粉红色头发的女孩，动漫插画，二次元，冷色背景，超详细，超高清"；❷点击▦按钮，如图 2-83 所示。

03　进入"参数调整"面板，❶选择"通用 1.2"模型；❷选择 1:1 比例样式；❸设置"精细度"参数为 30，恢复默认参数；❹点击☑按钮，确认操作，如图 2-84 所示，再点击"立即生成"按钮。

04　稍等片刻，剪映会生成 4 张图片，效果如图 2-85 所示。

图 2-82　点击"AI 作图"按钮

图 2-83　输入自定义提示词

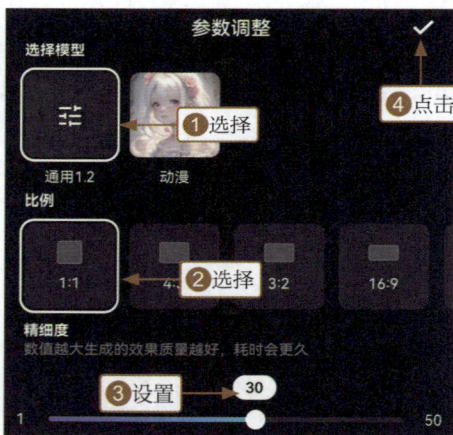

图 2-84　调整参数

图 2-85　生成图片

💡 专家 提醒

　　用户在输入提示词时，需要明确生成图片的主题和风格，如动漫插画、二次元等，这样生成的图片效果会更加准确。

2.6.2　生成风景摄影效果

　　【效果展示】：使用剪映的"AI 作图"功能，不仅可以绘制画作，还可以生成摄影图片，包括风景摄影、人物摄影、动物摄影等，满足用户基本的摄影需求，效果如图 2-86 所示。

视频教学

图 2-86　效果展示

下面介绍在剪映手机版中生成风景摄影效果的操作方法。

01 打开剪映手机版，进入"剪辑"界面，点击"AI 作图"按钮，进入相应的界面，❶在提示词面板中，输入自定义提示词"风景摄影，雪山连绵，湖泊结冰，白雪皑皑，碧蓝的天空飘着一朵云，4K 高清，高分辨率"；❷点击"立即生成"按钮，如图 2-87 所示。

02 稍等片刻，剪映会生成 4 张图片，效果如图 2-88 所示。

图 2-87　输入自定义提示词

图 2-88　生成图片

2.6.3　生成产品设计效果

【效果展示】：在设计产品海报时，运用剪映中的"AI 作图"功能，可以快速制作出各种风格的产品图片，效果如图 2-89 所示。

视频教学

图 2-89　效果展示

下面介绍在剪映手机版中生成产品图片效果的操作方法。

01　打开剪映手机版，进入"剪辑"界面，点击"AI 作图"按钮，进入相应的界面，❶在提示词面板中，输入自定义提示词"产品设计，商品图，珍珠手链广告，独特设计，纯色背景，4K 高清，高分辨率"；❷点击"立即生成"按钮，如图 2-90 所示。

02　稍等片刻，剪映会生成 4 张图片，效果如图 2-91 所示。

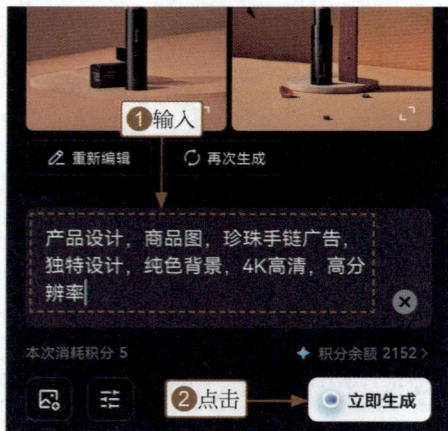

图 2-90　输入自定义提示词

图 2-91　生成图片

2.6.4　生成室内设计效果

【效果展示】：对于从事室内设计或者有室内设计需求的人员，运用"AI作图"功能，可以快速将自己的创意和想法生成草稿蓝图，效果如图 2-92 所示。

视频教学

图 2-92　效果展示

下面介绍在剪映手机版中生成室内设计效果的操作方法。

01 打开剪映手机版，进入"剪辑"界面，点击"AI 作图"按钮，进入相应的界面，❶在提示词面板中，输入自定义提示词"温暖的糖果色装修，室内卧室设计，时尚，柔软的大床和沙发，真实细节，最佳画质，8K 高清，高分辨率"；❷点击"立即生成"按钮，如图 2-93 所示。

02 稍等片刻，剪映会生成 4 张图片，效果如图 2-94 所示。

图 2-93　输入自定义提示词

图 2-94　生成图片

第 3 章
画中画

　　剪映的"画中画"功能，可以在主视频轨道上叠加另一个视频或图像，达成多层次、多画面的视频展示效果，提升视频的丰富性与表现力。此外，将画中画与蒙版、关键帧等功能搭配使用，可使短视频的效果更加精彩。本章将详细介绍"画中画"功能的使用方法。

3.1　抠像合成

　　"抠像合成"是指通过技术手段将视频中的人物或对象从原始背景中分离出来，并将其放置在一个新的背景中，从而实现不同场景或背景的合成。该技术常用于影视制作、特效制作和视频编辑中。本节将详细介绍"智能抠像"功能和"色度抠图"功能的使用方法。

3.1.1　智能抠像

　　【效果对比】：　"智能抠像"是剪映的一项实用功能，用户在选定相关人物素材后，借助 AI 对该素材开展抠像处理，即可将人物精准抠出，进而实现人物与背景视频的自然融合，原图与效果对比如图 3-1 所示。

图 3-1　原图与效果对比

1. 剪映手机版

效果展示　　视频教学

　　下面介绍在剪映手机版中使用"智能抠像"功能制作视频的操作方法。

01　打开剪映手机版，点击"开始创作"按钮，进入"照片视频"界面，❶在"视频"选项卡中，依次选择人物视频和背景视频；❷选中"高清"复选框；❸点击"添加"按钮，如图 3-2 所示，添加视频。

02 为了切换画中画轨道，❶选择人物视频；❷点击"切画中画"按钮，如图 3-3 所示。

图 3-2　点击"添加"按钮

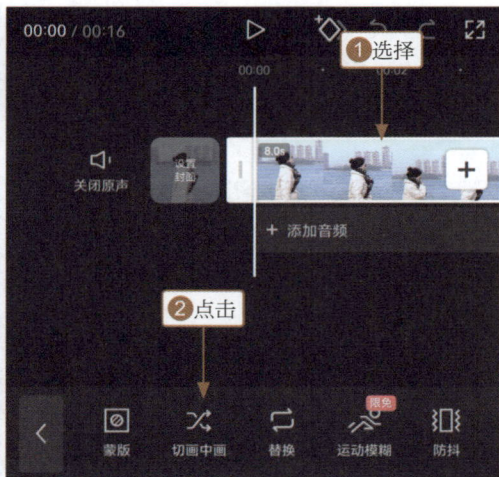

图 3-3　点击"切画中画"按钮

03 将人物视频切换至画中画轨道中，为了抠出人物，点击"抠像"按钮，如图 3-4 所示。

04 在弹出的工具栏中，点击"智能抠像"按钮，把人物抠出来，如图 3-5 所示。

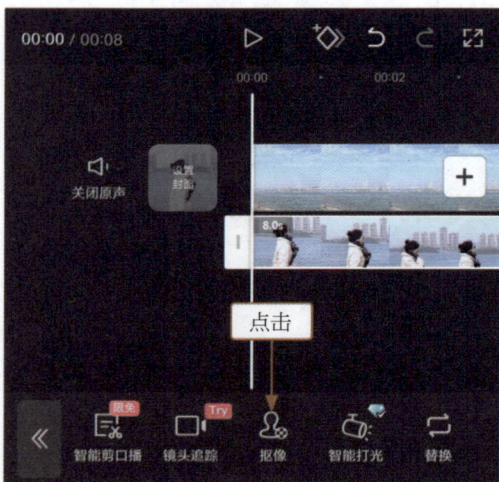

图 3-4　点击"抠像"按钮

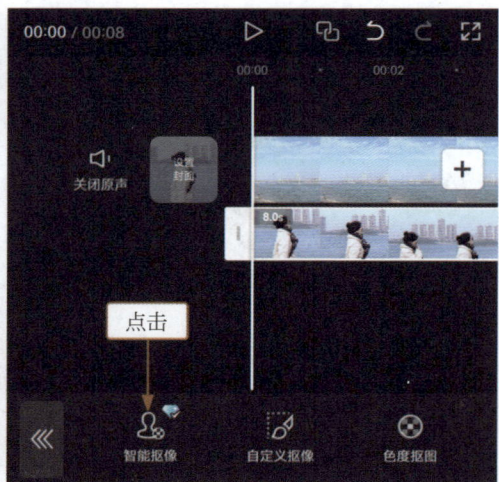

图 3-5　点击"智能抠像"按钮

05 稍等片刻，人物自动抠像成功，点击✅按钮，如图 3-6 所示，确认操作。

06 为了调整人物的位置，❶选中人物并移至画面的右下方；❷点击"导出"按钮，如图 3-7 所示，导出视频。

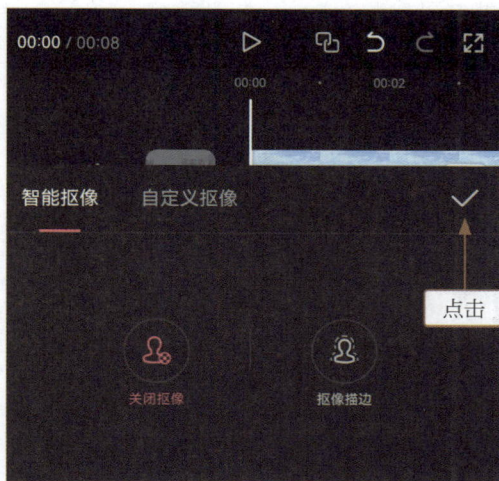

图 3-6　点击确认按钮

图 3-7　导出视频

2．剪映电脑版

效果展示　　视频教学

　　下面介绍在剪映电脑版中使用"智能抠像"功能制作视频的
操作方法。

01　打开剪映电脑版，进入"媒体"功能区，在"本地"选项卡中导入两段视频，单击背景视频右下角的"添加到轨道"按钮 ，如图 3-8 所示，将背景视频添加到视频轨道中。

02　将人物视频拖曳至画中画轨道，如图 3-9 所示。

图 3-8　单击"添加到轨道"按钮

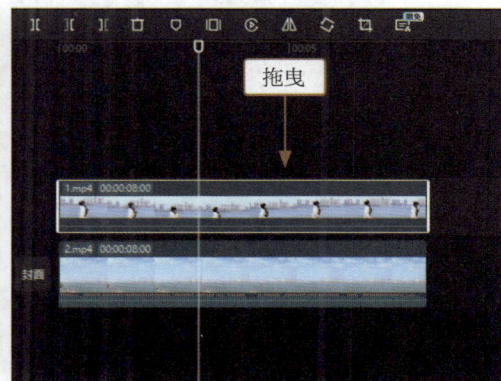

图 3-9　将人物视频拖曳至画中画轨道

03　在"画面"操作区中，选中"智能抠像"复选框，如图 3-10 所示，稍等片刻，即可把人物抠出来，
更换背景。

04 在"播放器"面板中预览视频效果，如图 3-11 所示。

图 3-10　选中"智能抠像"复选框　　　　　　　　　　　图 3-11　预览视频效果

专家提醒

在使用"智能抠像"功能时，需要先确保素材中具有清晰的人像或明确的主体。

3.1.2　色度抠图

【**效果展示**】：在剪映中，可以运用"色度抠图"功能，抠出图中不需要的色彩，从而保证视频画面更加清晰、自然，突出主体，效果如图 3-12 所示。

图 3-12　效果展示

1. 剪映手机版

下面介绍在剪映手机版中使用"色度抠图"功能制作视频的操作方法。

效果展示　　　视频教学

01 打开剪映手机版，导入两段视频素材，❶选择动物视频；❷点击"切画中画"按钮，如图 3-13 所示。

02 此时，动物视频已被切换至画中画轨道，在界面下方点击"抠像"按钮，如图 3-14 所示。

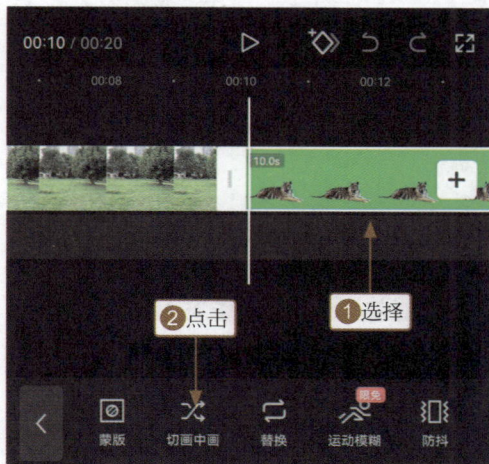

图 3-13　点击"切画中画"按钮

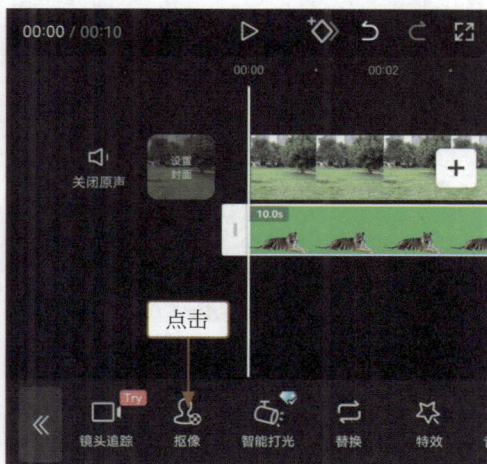

图 3-14　点击"抠像"按钮

03 在弹出的工具栏中，点击"色度抠图"按钮，如图 3-15 所示。

04 在预览区域中，拖曳取色器圆环，取样绿色，如图 3-16 所示。

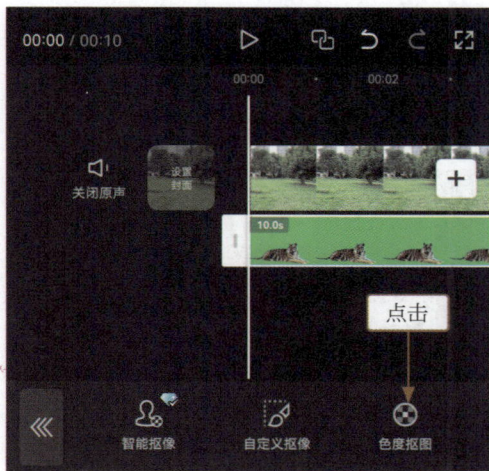

图 3-15　点击"色度抠图"按钮

图 3-16　取样绿色

05 在界面下方的"色度抠图"面板中，❶设置"强度"参数为 30，增强抠像力度；❷设置"边缘清除"参数为 20，优化边缘细节；❸点击✓按钮确认操作，如图 3-17 所示。

06 为了调整动物的大小和位置，❶选中动物并移动到画面的右下方；❷点击"导出"按钮，如图 3-18 所示，导出视频。

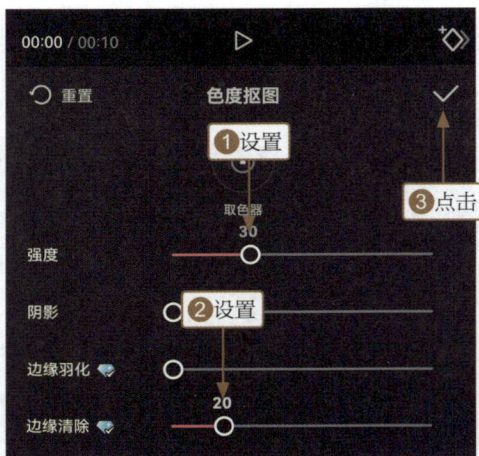

图 3-17　设置抠图参数

图 3-18　导出视频

2．剪映电脑版

　　下面介绍在剪映电脑版中使用"色度抠图"功能制作视频的操作方法。

效果展示　　视频教学

01　打开剪映电脑版，单击"开始创作"按钮，进入"媒体"功能区，在"本地"选项卡中导入两段视频，单击背景视频右下角的"添加到轨道"按钮 ，如图 3-19 所示，将背景视频添加到视频轨道中。

02　将动物视频拖曳至画中画轨道，如图 3-20 所示。

图 3-19　单击"添加到轨道"按钮

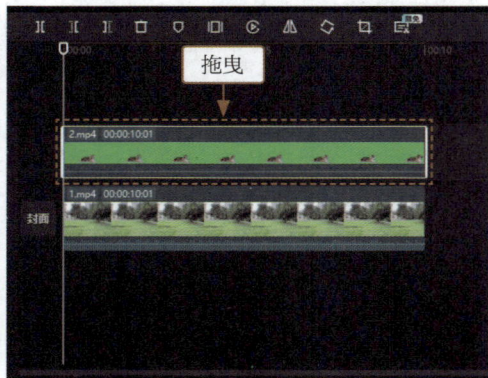

图 3-20　将动物视频拖曳至画中画轨

03　在"画面"操作区中，❶切换至"抠像"选项卡；❷选中"色度抠图"复选框，如图 3-21 所示。

04　在"播放器"面板中，拖曳取色器圆环，取样绿色，如图 3-22 所示，即可清除背景，抠出动物。

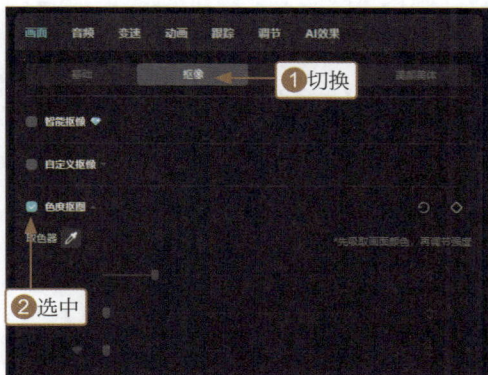

图 3-21　选中"色度抠图"复选框

图 3-22　取样绿色

05 在"抠像"操作区中，❶设置"强度"参数为 30，增强抠像力度；❷设置"边缘清除"参数为 20，优化边缘细节，如图 3-23 所示。

06 在"播放器"面板中，选中动物并移动到画面的右下方，调整动物的大小和位置，如图 3-24 所示。

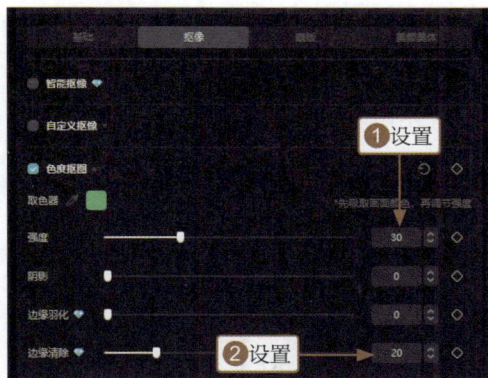

图 3-23　设置抠像参数

图 3-24　调整动物的大小和位置

3.2　画面叠加

　　剪映中的"画面叠加"功能，是将多个视频或图像层按照一定顺序和透明度叠加在一起，以实现复杂的视觉效果或展示多个内容。

3.2.1 画面溶图

【**效果展示**】：画面溶图，是将一个画面融入另一个画面背景中，实现两个画面的自然过渡和融合，从而创造出新的视觉效果，如图 3-25 所示。

图 3-25　效果展示

1. 剪映手机版

下面介绍在剪映手机版中制作画面溶图效果的操作方法。

01 在剪映手机版中导入一段视频素材，在一级工具栏中点击"画中画"按钮，如图 3-26 所示。

02 在弹出的工具栏中，点击"新增画中画"按钮，如图 3-27 所示。

效果展示　　　视频教学

图 3-26　点击"画中画"按钮

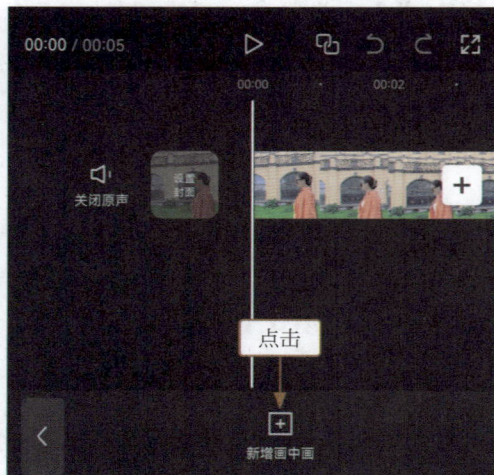

图 3-27　点击"新增画中画"按钮

03 进入"照片视频"界面，❶在"视频"选项卡中选择一段视频素材；❷选中"高清"复选框；❸点击"添加"按钮，如图 3-28 所示，添加素材。

04 在界面下方，点击"蒙版"按钮，如图 3-29 所示。

图 3-28　添加高清素材

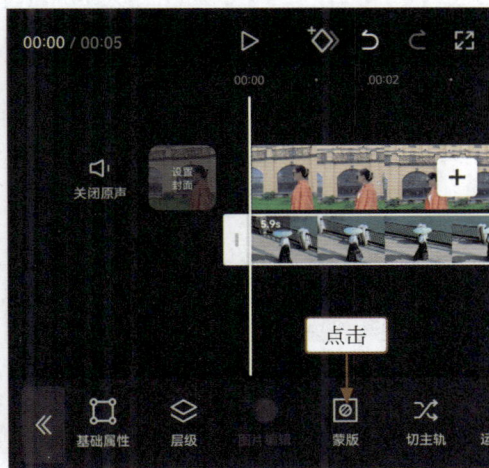

图 3-29　点击"蒙版"按钮

05 进入"蒙版"界面，选择"圆形"蒙版，如图 3-30 所示。

06 ❶在预览区域中调整蒙版的大小；❷长按按钮并拖曳，调整蒙版边缘线的羽化程度，如图 3-31所示。

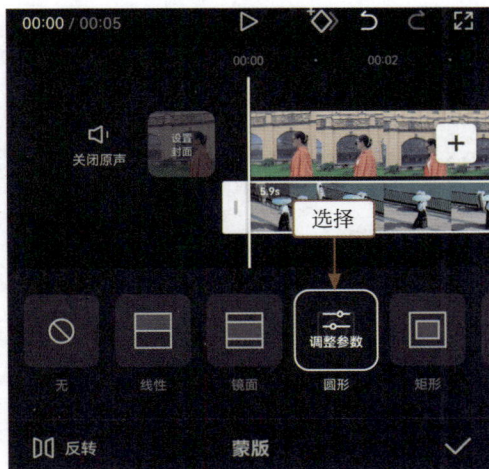

图 3-30　选择"圆形"蒙版

图 3-31　调整蒙版边缘线的羽化程度

07 执行操作后，在预览区域中调整蒙版的位置，如图 3-32 所示。

08 在工具栏中，点击"动画"按钮，如图 3-33 所示。

图 3-32 调整蒙版位置

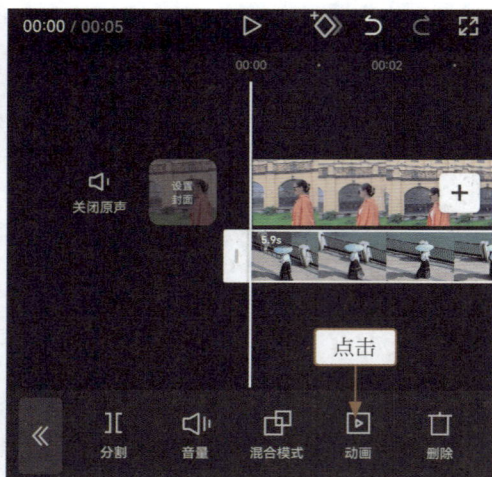

图 3-33 点击"动画"按钮

专家提醒

　　为方便调整素材画面的位置和大小，用户需要在操作区中切换至"基础"选项卡，否则无法在预览窗口中直接调整画面。

---

09 在弹出的"动画"面板中，选择"入场"选项卡中的"渐显"动画，如图 3-34 所示，为画中画轨道中的视频添加入场动画。

10 操作完成后，点击"导出"按钮，如图 3-35 所示，导出视频。

图 3-34 选择"渐显"动画

图 3-35 点击"导出"按钮

2．剪映电脑版

效果展示　　视频教学

下面介绍在剪映电脑版中制作画面溶图效果的操作方法。

01 打开剪映电脑版，进入"媒体"功能区，单击"本地"选项卡中的"导入"按钮，导入两段视频素材，如图 3-36 所示。

02 将两段视频素材依次添加至视频轨道和画中画轨道，如图 3-37 所示。

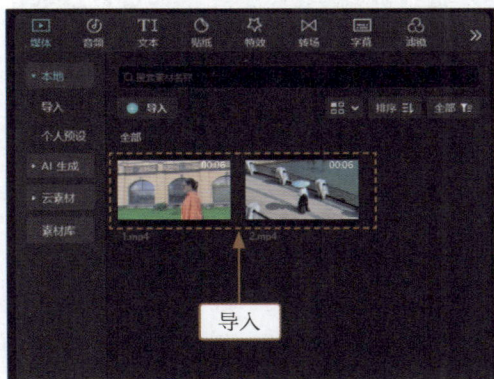

图 3-36　导入视频素材

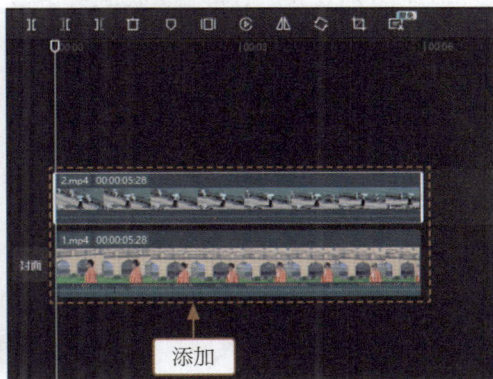

图 3-37　将视频素材添加至轨道

03 ❶切换至"画面"操作区的"蒙版"选项卡中；❷选择"圆形"蒙版，如图 3-38 所示。

04 在预览窗口中，根据需要调整蒙版的大小、位置，以及羽化效果，如图 3-39 所示。

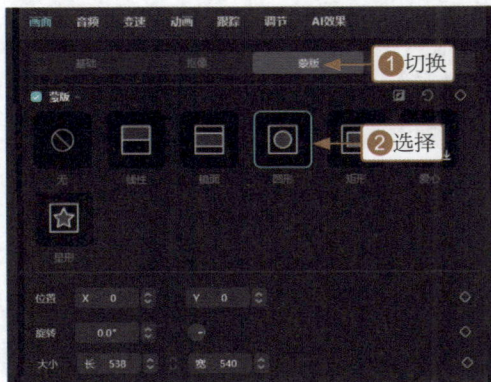

图 3-38　选择"圆形"蒙版

图 3-39　调整蒙版

05 切换至"基础"选项卡，在预览窗口中，调整画中画素材的大小和位置，如图 3-40 所示。

06 ❶切换至"动画"操作区的"入场"选项卡；❷选择"渐显"选项，如图 3-41 所示。至此，完成画面溶图效果的制作。

图3-40　调整画中画素材

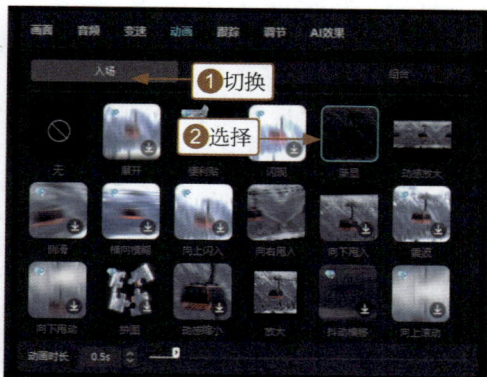

图3-41　选择"渐显"选项

3.2.2　混合模式叠加

【效果展示】：混合模式叠加，是指将两个图层通过滤色、正片叠底、变亮或变暗等混合模式进行叠加，从而形成新的画面。用户可以使用"混合模式"中的变亮模式，将一些唯美的素材特效自然地融入视频画面中，效果如图3-42所示。

图3-42　效果展示

1. 剪映手机版

下面介绍在剪映手机版中使用"混合模式"叠加视频的操作方法。

效果展示　　视频教学

01　在剪映手机版中导入一段视频素材，在一级工具栏中，点击"画中画"按钮，如图3-43所示。

02　在弹出的二级工具栏中，点击"新增画中画"按钮，如图3-44所示。

图 3-43　点击"画中画"按钮

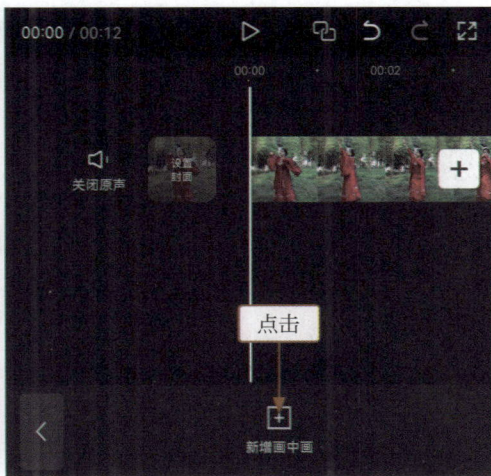

图 3-44　点击"新增画中画"按钮

03 进入"照片视频"界面，❶在"视频"选项卡中选择一段视频素材；❷选中"高清"复选框；❸点击"添加"按钮，如图 3-45 所示，添加素材。

04 在预览区域放大视频画面，使其铺满整个屏幕，如图 3-46 所示。

图 3-45　添加高清素材

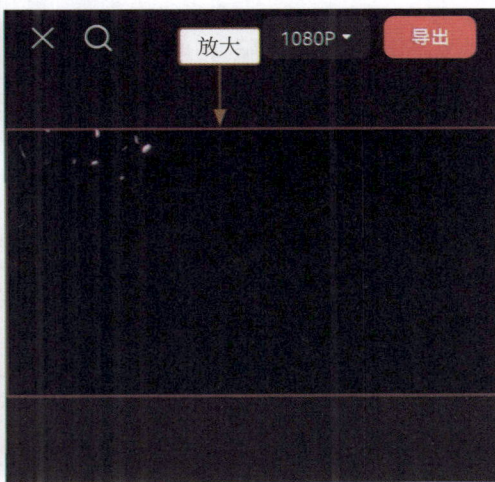

图 3-46　放大视频画面

05 执行操作后，在界面下方的工具栏中，点击"混合模式"按钮，如图 3-47 所示。

06 进入"混合模式"界面，❶选择"变亮"选项；❷点击✓按钮，如图 3-48 所示，即可完成混合模式叠加效果的制作。

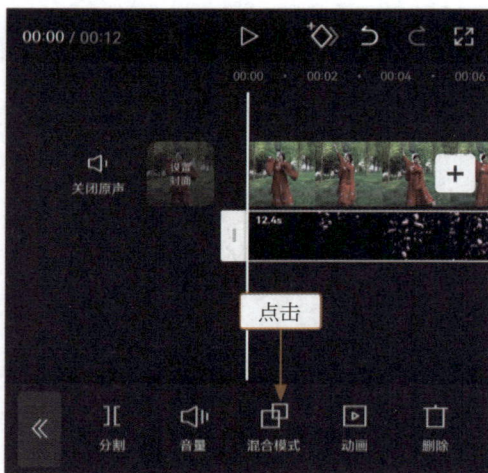

图 3-47 点击"混合模式"按钮

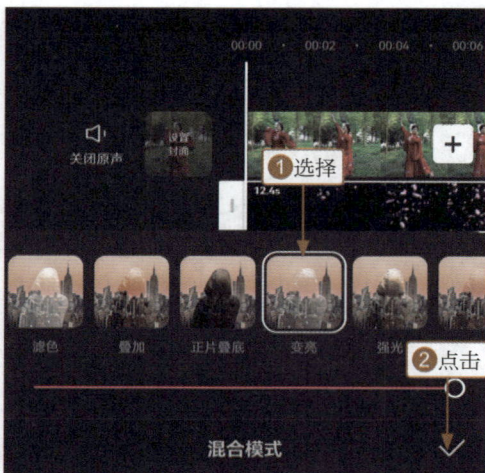

图 3-48 设置混合模式

2．剪映电脑版

下面介绍在剪映电脑版中使用"混合模式"叠加视频的操作方法。

效果展示 视频教学

01 打开剪映电脑版，进入"媒体"功能区，单击"本地"选项卡中的"导入"按钮，导入两段视频素材，如图 3-49 所示。

02 将两段视频素材依次添加至视频轨道和画中画轨道，如图 3-50 所示。

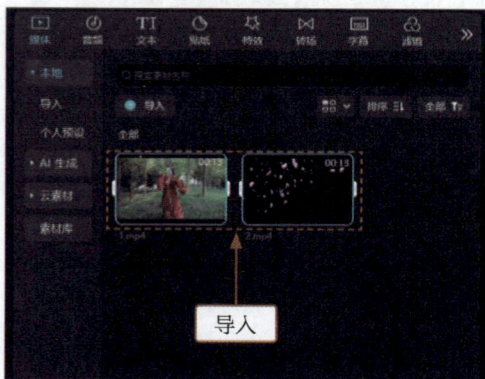

图 3-49 导入视频素材

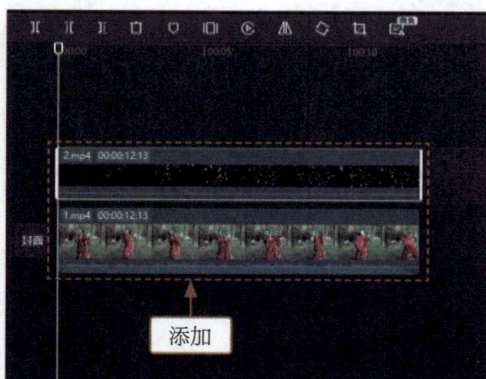

图 3-50 添加视频素材至轨道

03 在"画面"操作区的"基础"选项卡中，单击"混合模式"右侧的下拉按钮▾，如图 3-51 所示。

04 在弹出的列表框中，选择"变亮"选项，如图 3-52 所示。

图 3-51　单击"混合模式"右侧的下拉按钮

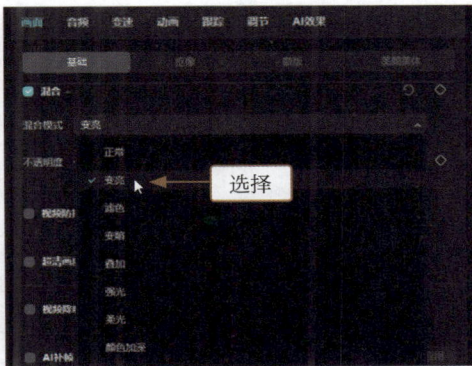

图 3-52　选择"变亮"选项

专家提醒

在"混合模式"列表框中，有"正常""变亮""滤色""变暗""叠加""强光""柔光""颜色加深""线性加深""颜色减淡""正片叠底"，共 11 种混合模式可以选择。

---

05 执行操作后，即可对画中画轨道中的素材进行抠像，清除黑色背景，留下花瓣，效果如图 3-53 所示。

06 操作完成后，单击页面右上角的"导出"按钮，如图 3-54 所示，即可导出视频。

图 3-53　自动抠像

图 3-54　单击"导出"按钮

3.3　蒙版特效

剪映中的蒙版特效能够产生一种遮罩效果，它可以选择性地显示或隐藏视频中的某些部分，从而实现局部遮挡、突出主体、分屏、画中画等创意视觉效果。本节将介绍"画中画"功能结合"蒙版"功能制作视频的操作方法。

3.3.1 划屏移动

【效果展示】：用户可以将"画中画"和"蒙版"功能结合使用，制作出划屏移动的效果，从而产生强烈的画面对比，效果如图 3-55 所示。

图 3-55 效果展示

1. 剪映手机版

效果展示 视频教学

下面介绍在剪映手机版中制作划屏移动效果的操作方法。

01 在剪映手机版中导入一段视频素材，在一级工具栏中点击"画中画"按钮，如图 3-56 所示。

02 在弹出的工具栏中，点击"新增画中画"按钮，如图 3-57 所示。

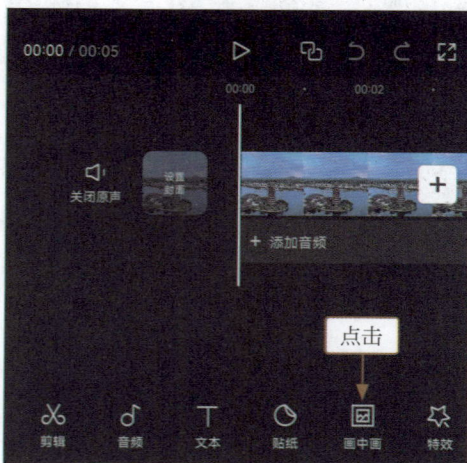

图 3-56 点击"画中画"按钮

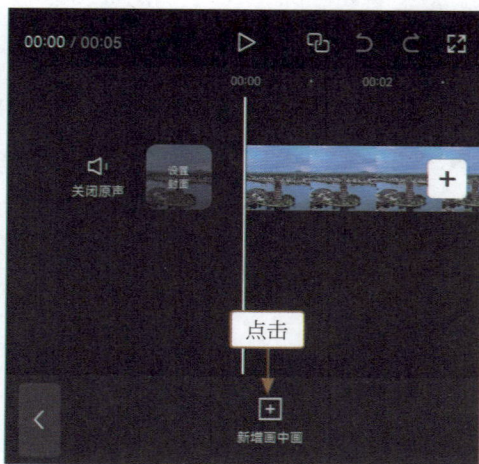

图 3-57 点击"新增画中画"按钮

03 进入"照片视频"界面，❶在"视频"选项卡中选择一段视频素材；❷选中"高清"复选框；❸点击"添加"按钮，如图 3-58 所示，添加素材。

04　在预览区域放大视频画面，使其铺满整个屏幕，如图 3-59 所示。

图 3-58　添加高清素材

图 3-59　放大视频画面

05　在工具栏中，点击"蒙版"按钮，如图 3-60 所示。

06　进入"蒙版"界面，选择"线性"蒙版，如图 3-61 所示。

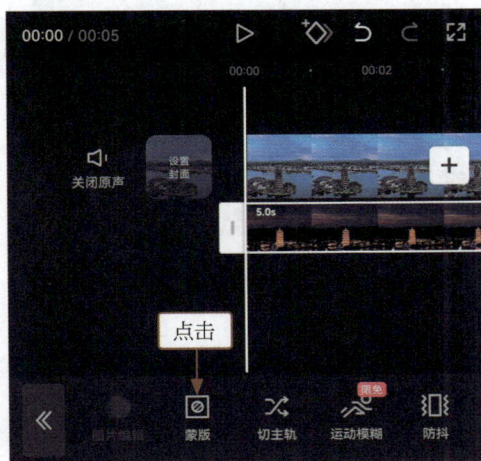

图 3-60　点击"蒙版"按钮

图 3-61　选择"线性"蒙版

07　❶ 在预览区域逆时针旋转蒙版 90°；❷ 长按 ⌾ 按钮并拖曳，调整蒙版边缘线的羽化程度，如图 3-62 所示。

08　❶ 将蒙版拖曳至画面的最左侧；❷ 点击关键帧按钮 ◈，如图 3-63 所示，添加关键帧。

09　执行操作后，拖曳时间轴至视频的末尾位置，如图 3-64 所示。

10　在预览区域中，将蒙版拖曳至画面的最右侧，如图 3-65 所示，形成画面向右移动的动画效果，点击"导出"按钮，即可导出视频。

图 3-62　调整蒙版边缘线的羽化程度

图 3-63　添加关键帧

图 3-64　拖曳时间轴至视频的末尾位置

图 3-65　将蒙版拖曳至画面的最右侧

2. 剪映电脑版

下面介绍在剪映电脑版中制作划屏移动效果的操作方法。

效果展示　视频教学

01 打开剪映电脑版，进入"媒体"功能区，单击"本地"选项卡中的"导入"按钮，导入两段视频素材，如图 3-66 所示。

02 将两段视频素材依次添加至视频轨道和画中画轨道，如图 3-67 所示。

03 ❶切换至"画面"操作区的"蒙版"选项卡中；❷选择"线性"蒙版；❸设置"位置"中的 X 参数为 -960，"旋转"参数为 -90.0°，"羽化"参数为 15；❹单击"添加关键帧"按钮◈，如图 3-68 所示，添加关键帧。

04 拖曳时间轴至视频的末尾位置，如图 3-69 所示。

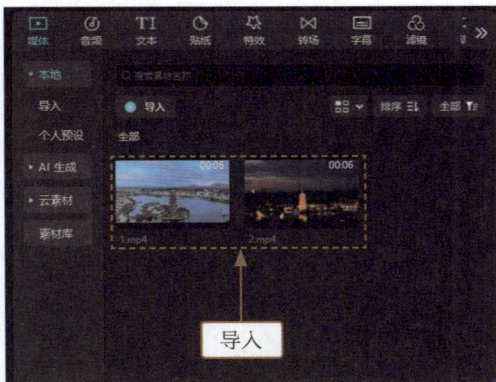

图 3-66 导入视频素材

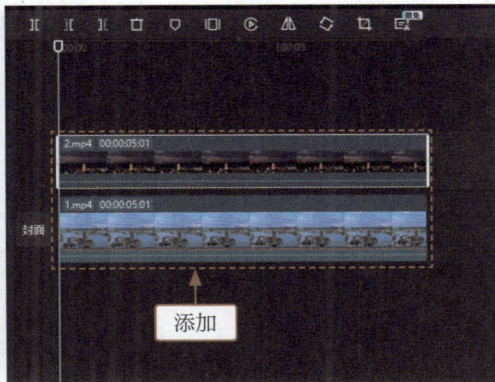

图 3-67 添加视频素材

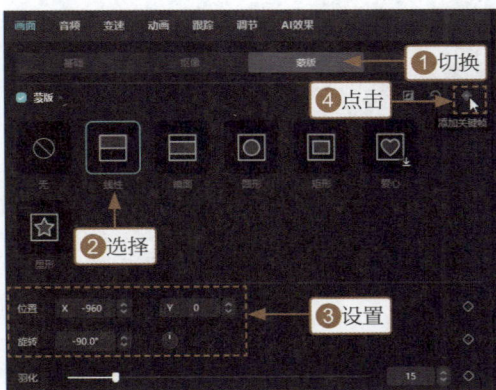

图 3-68 设置蒙版参数

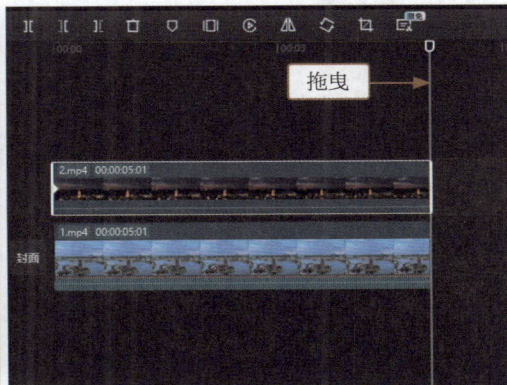

图 3-69 拖曳时间轴至视频的末尾位置

05 设置"位置"中的 X 参数为 1000，如图 3-70 所示，调整蒙版线的位置，"位置"的右侧会自动点亮关键帧。

06 操作完成后，单击"导出"按钮，如图 3-71 所示，导出视频。

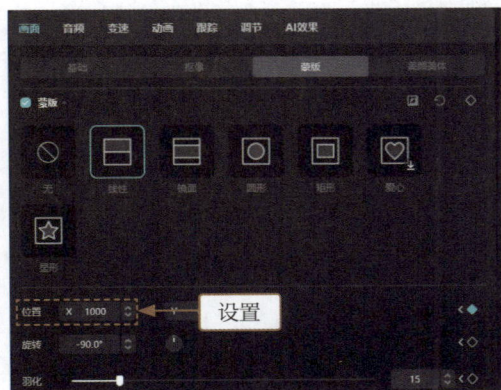

图 3-70 调整蒙版线的位置

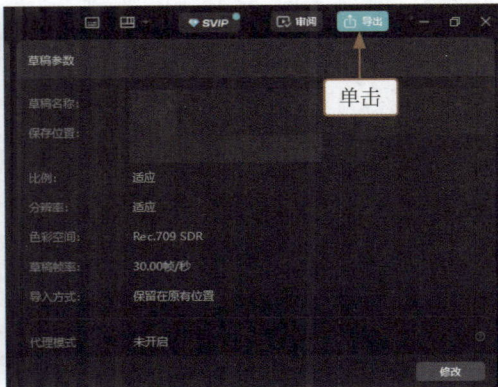

图 3-71 单击"导出"按钮

专家提醒

　　使用"蒙版"功能让画面呈现划屏移动的效果，这种操作多用来制作对比向的视频，能够让观众直观地发现前后视频的不同之处，让画面更具冲击感。

3.3.2　旋转开场

　　【效果展示】：在剪映中使用"蒙版"和"关键帧"功能，可以制作出炫酷的旋转开场效果，用作各种形式 vlog 的开场，增强视觉冲击力，让视频更易吸引观众，如图 3-72 所示。

图 3-72　效果展示

1. 剪映手机版

效果展示　　视频教学

　　下面介绍在剪映手机版中制作旋转开场效果的操作方法。

01　在剪映手机版中导入一段视频素材，在一级工具栏中点击"画中画"按钮，如图 3-73 所示。

02　在弹出的工具栏中，点击"新增画中画"按钮，如图 3-74 所示。

03　进入"照片视频"界面，❶在"视频"选项卡中选择一段视频素材；❷选中"高清"复选框；❸点击"添加"按钮，如图 3-75 所示，添加素材。

04　在预览区域放大视频画面，使其铺满整个屏幕，如图 3-76 所示。

05　在工具栏中，点击"动画"按钮，如图 3-77 所示。

06　在弹出的面板中，选择"入场"选项卡中的"斜切"动画，如图 3-78 所示，为画中画轨道中的视频添加入场动画。

图 3-73　点击"画中画"按钮

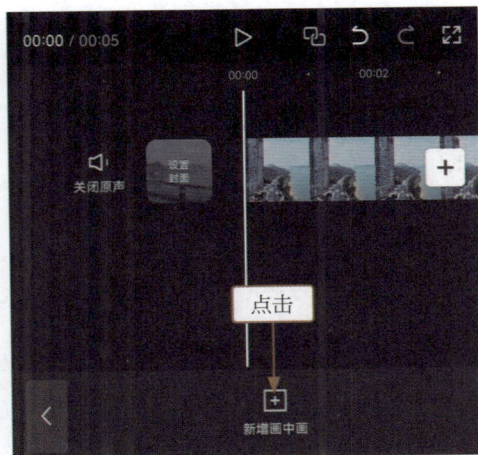

图 3-74　点击"新增画中画"按钮

图 3-75　添加高清素材

图 3-76　放大视频画面

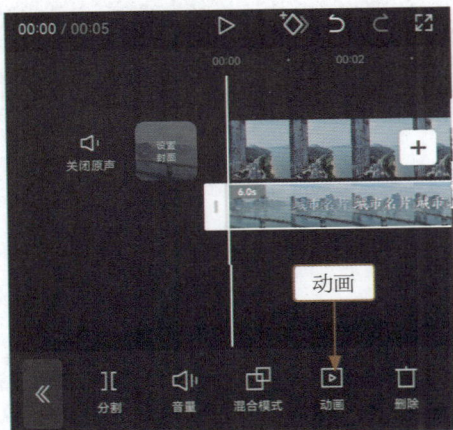

图 3-77　点击"动画"按钮

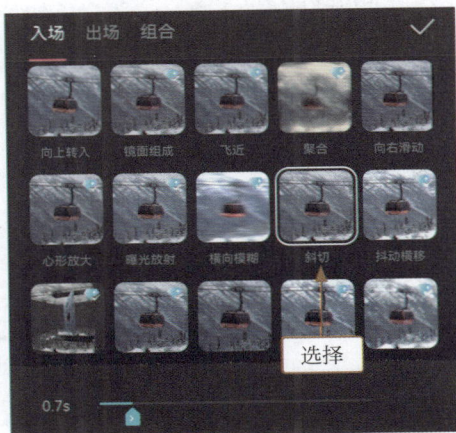

图 3-78　选择"斜切"动画

07 ❶拖曳时间轴至视频 1 秒左右的位置；❷点击工具栏中的"蒙版"按钮，如图 3-79 所示。

08 进入"蒙版"界面，❶选择"镜面"蒙版；❷点击关键帧按钮◇，如图 3-80 所示，添加关键帧。

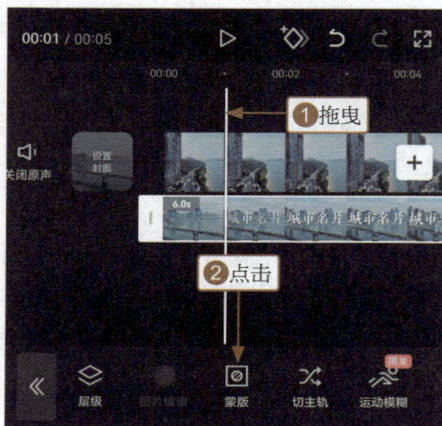

图 3-79 点击"蒙版"按钮

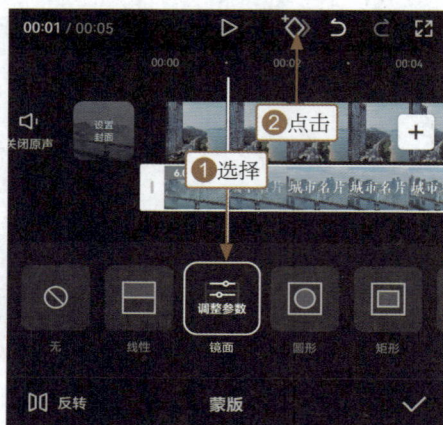

图 3-80 添加关键帧

09 在预览区域中，调整蒙版的大小和位置，如图 3-81 所示，使其刚好笼罩住文字。

10 ❶拖曳时间轴至视频 3 秒左右的位置；❷点击"蒙版"界面中的"调整参数"按钮，如图 3-82 所示。

图 3-81 调整蒙版

图 3-82 点击"调整参数"按钮

专家提醒

用户可以在预览区域中直接移动蒙版，也可以在参数调整面板中设置相应的参数，更加精准地移动画面的位置。

11 在弹出的面板中，设置"旋转"选项卡中的"旋转"参数为 -180°，如图 3-83 所示，调整蒙版的角度。

12 在预览区域中，将蒙版放大直至铺满整个屏幕，如图 3-84 所示。至此，旋转开场效果制作完成。

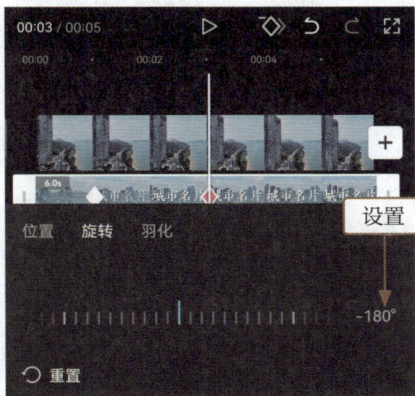

图 3-83　设置"旋转"参数

图 3-84　放大蒙版

2．剪映电脑版

下面介绍在剪映电脑版中制作旋转开场效果的操作方法。

效果展示　视频教学

01 打开剪映电脑版，进入"媒体"功能区，单击"本地"选项卡中的"导入"按钮，导入两段视频素材，如图 3-85 所示。

02 将两段视频素材依次添加至视频轨道和画中画轨道，如图 3-86 所示。

图 3-85　导入视频素材

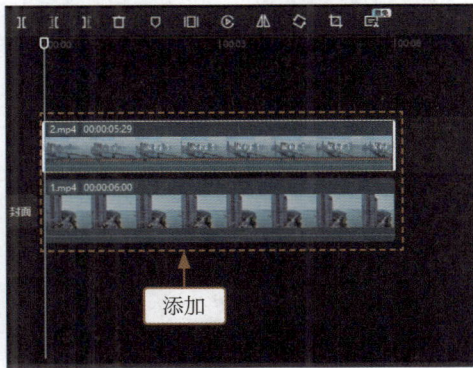

图 3-86　添加视频素材至轨道

03 ❶单击"动画"按钮，进入"动画"操作区；❷在"入场"选项卡中选择"斜切"动画，如图 3-87 所示，为画中画轨道中的视频添加入场动画。

04 拖曳时间轴至 00:00:01:00 的位置，如图 3-88 所示。

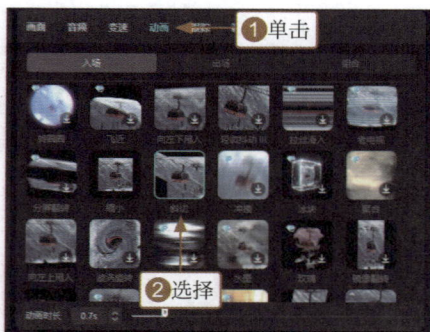

图 3-87　选择"斜切"动画

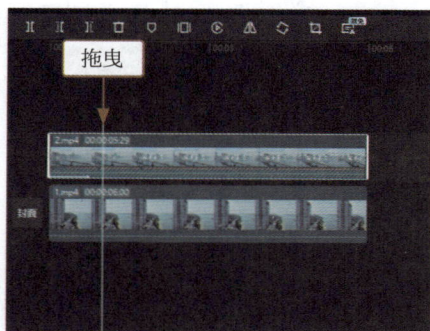

图 3-88　拖曳时间轴的位置

05　❶切换至"画面"操作区的"蒙版"选项卡；❷选择"镜面"蒙版；❸设置"大小"参数为 265；❹单击"添加关键帧"按钮◈，如图 3-89 所示，即可添加关键帧。

06　拖曳时间轴至 00:00:03:00 的位置，如图 3-90 所示。

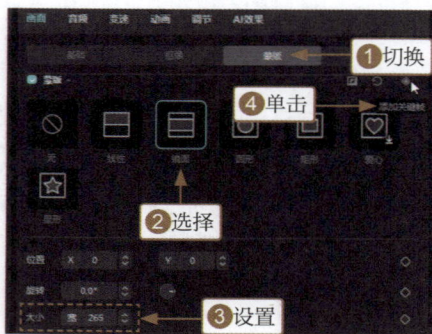

图 3-89　设置蒙版并添加关键帧

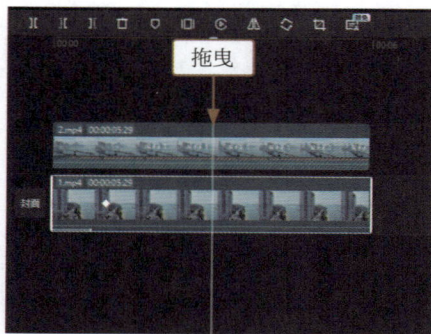

图 3-90　拖曳时间轴至相应位置

07　进入"蒙版"界面，设置"旋转"参数为 -180.0°、"大小"参数为 1080，如图 3-91 所示，调整蒙版的旋转角度和宽度，系统会自动点亮关键帧。

08　操作完成后，单击"导出"按钮，如图 3-92 所示，导出视频。

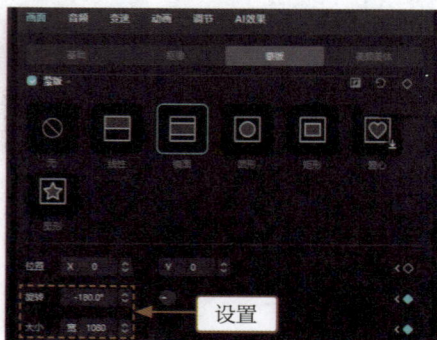

图 3-91　设置蒙版参数

图 3-92　单击"导出"按钮

3.4　多屏显示

在短视频平台中，常能看到有趣且热门的多屏显示创意视频，画面绚丽神奇，很吸引人。尽管这类视频从呈现效果上看似乎非常复杂，但实际上其制作过程较为简单。本节将详细介绍该类视频的操作方法。

3.4.1　多个视频显示

【效果展示】：在抖音上，经常可以看到多个视频以不规则的形式同时展现在屏幕中，就像拼图一样。在剪映中，我们可以运用蒙版制作分屏效果，以同时呈现多个视角的画面，展示多个事件或场景，效果如图 3-93 所示。

图 3-93　效果展示

1. 剪映手机版

下面介绍在剪映手机版中使用蒙版制作分屏显示多个视频效果的操作方法。

效果展示　　　视频教学

01　在剪映手机版中导入 3 段视频素材，在一级工具栏中点击"比例"按钮，如图 3-94 所示。

02 进入"比例"界面，选择 9:16 选项，如图 3-95 所示。

图 3-94　点击"比例"按钮

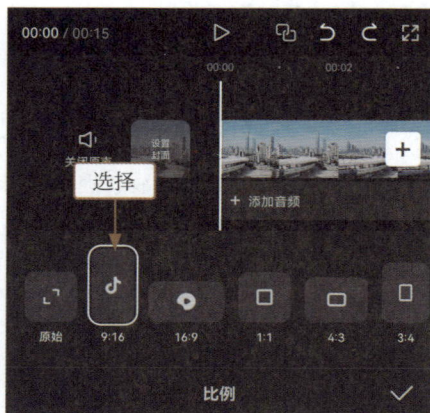

图 3-95　选择 9:16 选项

03 ❶ 选择第 1 个视频片段；❷ 点击"切画中画"按钮，如图 3-96 所示，将视频切换到画中画轨道。

04 ❶ 选择第 2 个视频片段；❷ 点击"切画中画"按钮，如图 3-97 所示，将视频切换到画中画轨道。

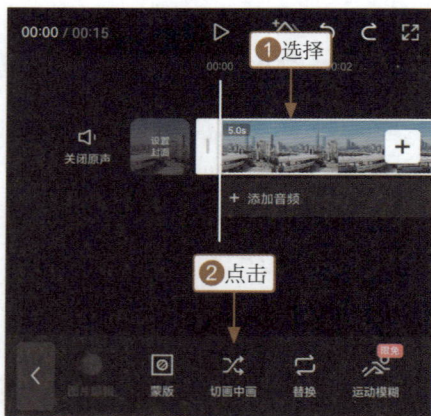

图 3-96　切换第 1 段视频到画中画轨道

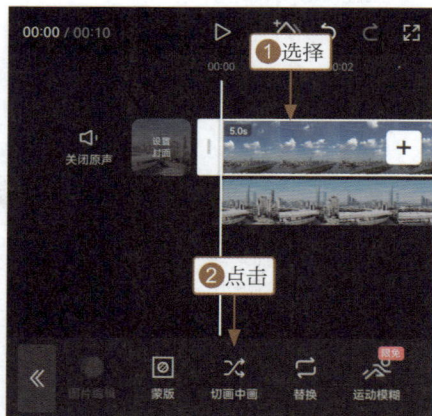

图 3-97　切换第 2 段视频到画中画轨道

05 在一级工具栏中，点击"贴纸"按钮，如图 3-98 所示。

06 进入"贴纸"界面，❶ 切换至"边框"选项卡；❷ 选择一款合适的贴纸，如图 3-99 所示，即可在轨道中添加一个边框贴纸。

07 拖曳贴纸右侧的白色拉杆，调整贴纸的时长，使其与视频的时长一致，如图 3-100 所示。

08 在预览窗口中，调整相框贴纸的大小和位置，如图 3-101 所示。

09 在视频轨道中，调整素材的大小和位置，使其刚好填充贴纸右上角的空白，如图 3-102 所示。

10 在画中画轨道中，选择第 1 个视频素材，调整素材的大小和位置，使其刚好填充贴纸左上角的空白，如图 3-103 所示。

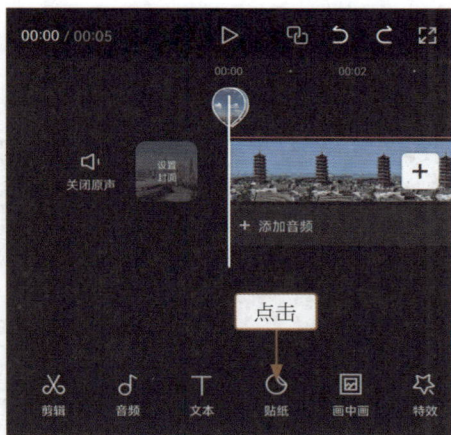

图 3-98 点击"贴纸"按钮

图 3-99 选择贴纸

图 3-100 调整贴纸的时长

图 3-101 调整相框贴纸

图 3-102 调整右上角素材的大小和位置

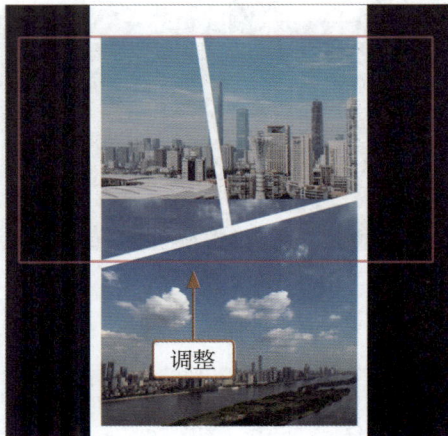

图 3-103 调整左上角素材的大小和位置

11 在画中画轨道中，选择第 2 个视频素材，调整素材的大小和位置，使其刚好填充贴纸下面的空白，如图 3-104 所示。

12 在工具栏中，点击"蒙版"按钮，如图 3-105 所示。

图 3-104　调整下面素材的大小和位置

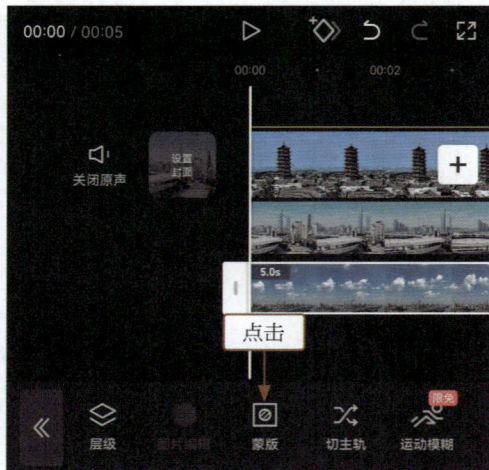

图 3-105　点击"蒙版"按钮

13 ❶选择"线性"蒙版；❷点击"反转"按钮⚫⚫，如图 3-106 所示，使原本被遮罩的部分显示。

14 在预览窗口中，调整蒙版线的角度和位置，如图 3-107 所示，使视频画面显示出来。

图 3-106　调整蒙版

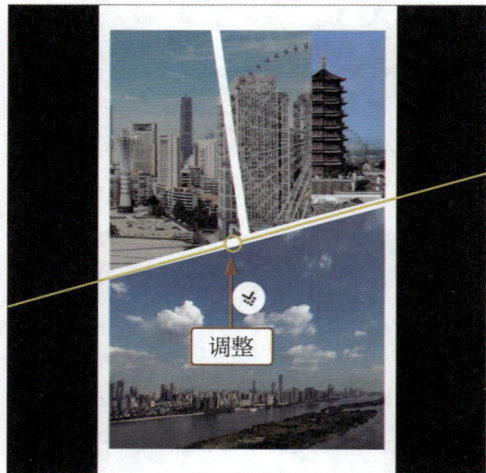

图 3-107　调整蒙版线的角度和位置

15 同理，在画中画轨道中，选择第 1 个视频素材，点击"蒙版"按钮，选择"线性"蒙版，点击"反转"按钮⚫⚫，调整蒙版线的角度和位置，如图 3-108 所示。

16 执行操作后，点击"导出"按钮，如图 3-109 所示，导出视频。

图 3-108　调整蒙版线的角度和位置

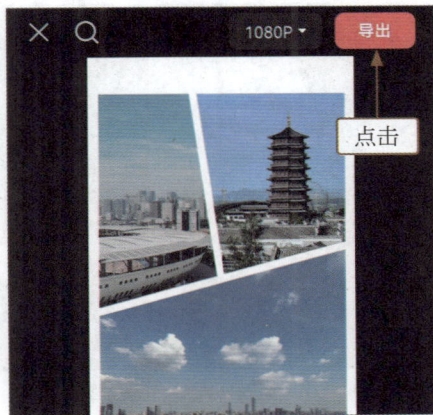

图 3-109　点击"导出"按钮

2. 剪映电脑版

效果展示　　视频教学

下面介绍在剪映电脑版中使用蒙版制作分屏显示多个视频效果的操作方法。

01 打开剪映电脑版，进入"媒体"功能区，单击"本地"选项卡中的"导入"按钮，导入 3 段视频素材，如图 3-110 所示。

02 将 3 段视频素材依次添加至视频轨道和画中画轨道，如图 3-111 所示。

图 3-110　导入视频素材

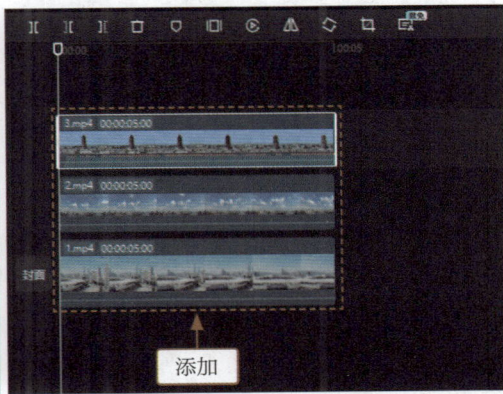

图 3-111　将视频素材添加至轨道

03 在"播放器"面板中，❶设置画布比例为 9:16；❷适当调整 3 个视频的位置，如图 3-112 所示。

04 ❶单击"贴纸"按钮，进入"贴纸"功能区；❷切换至"边框"选项卡；❸单击所选贴纸右下角的"添加到轨道"按钮 ，如图 3-113 所示。

图 3-112　调整视频的比例和位置

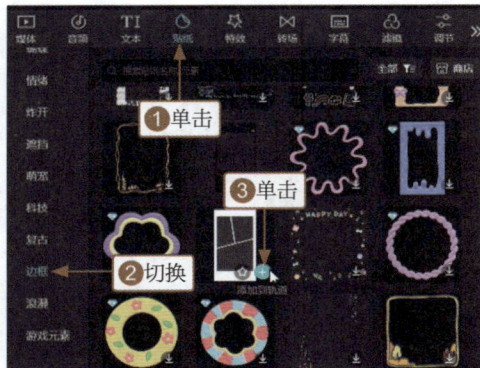

图 3-113　添加贴纸到轨道

05 执行操作后，即可添加一个边框贴纸，如图 3-114 所示。

06 拖曳贴纸右侧的白色拉杆，调整贴纸的时长，使其与视频的时长一致，如图 3-115 所示。

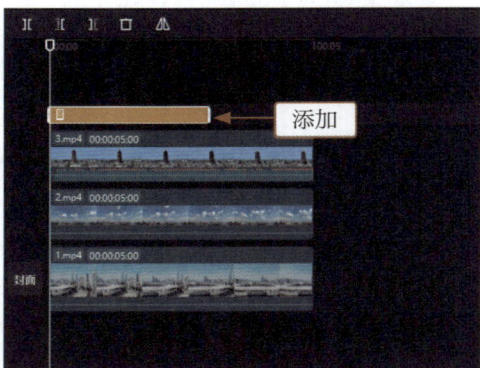

图 3-114　添加边框贴纸

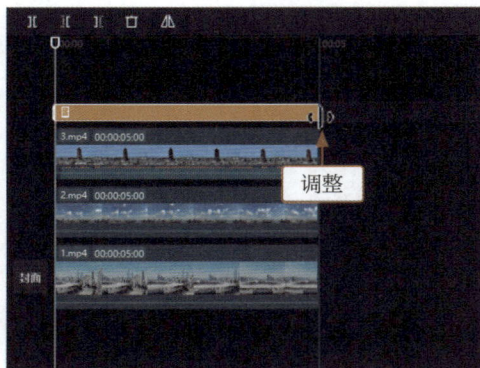

图 3-115　调整贴纸的时长

07 在"播放器"面板的预览窗口中，调整相框贴纸的大小和位置，如图 3-116 所示。

08 在视频轨道中，选择视频素材，如图 3-117 所示。

图 3-116　调整贴纸的大小和位置

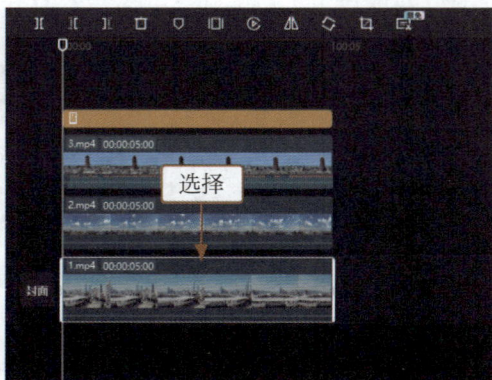

图 3-117　选择视频素材

09 在预览窗口中，拖曳视频轨道素材四周的控制柄，调整素材的大小和位置，使其刚好填充贴纸左上角的空白，如图 3-118 所示。

10 在画中画轨道中选择第 1 个视频素材，在预览窗口中，拖曳第 1 个视频素材四周的控制柄，调整素材的大小和位置，使其刚好填充贴纸右上角的空白，如图 3-119 所示。

图 3-118　调整视频素材的大小和位置　　　　　　图 3-119　调整第 1 个素材的大小和位置

11 ❶切换至"画面"操作区的"蒙版"选项卡；❷选择"线性"蒙版，如图 3-120 所示。

12 在预览窗口中，调整竖向蒙版线的角度和位置，如图 3-121 所示。

图 3-120　选择"线性"蒙版　　　　　　图 3-121　调整竖向蒙版线的角度和位置

13 在画中画轨道中，选择第 2 个视频素材，在预览窗口中，拖曳第 2 个视频素材四周的控制柄，调整素材的大小和位置，使其刚好填充贴纸下方的空白，如图 3-122 所示。

14 ❶切换至"画面"操作区的"蒙版"选项卡；❷选择"线性"蒙版；❸单击"反转"按钮▣，如图 3-123 所示，使原本被遮罩的部分显示。

15 在预览窗口中，调整横向蒙版线的角度和位置，如图 3-124 所示。执行上述操作后，即可完成分屏显示多个视频效果的制作。

图 3-122 调整第 2 个素材的大小和位置

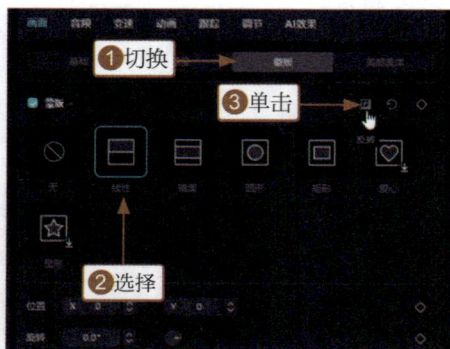

图 3-123 调整线性蒙板

图 3-124 调整横向蒙版线的角度和位置

3.4.2 多层画中画浮现

【**效果展示**】：在剪映中，可以使用"画中画"和"关键帧"功能，将多张照片素材融合，生成一个类似照片墙的特效，效果如图 3-125 所示。

图 3-125 效果展示

1．剪映手机版

下面介绍在剪映手机版中制作多层画中画浮现效果的操作方法。

效果展示　　　视频教学

01 在剪映手机版中导入一张照片素材，❶调整素材的时长为 5 秒；❷在视频的开始位置点击◇按钮，如图 3-126 所示，添加一个关键帧。

02 在预览区域中，双指捏合将照片缩至最小，如图 3-127 所示。

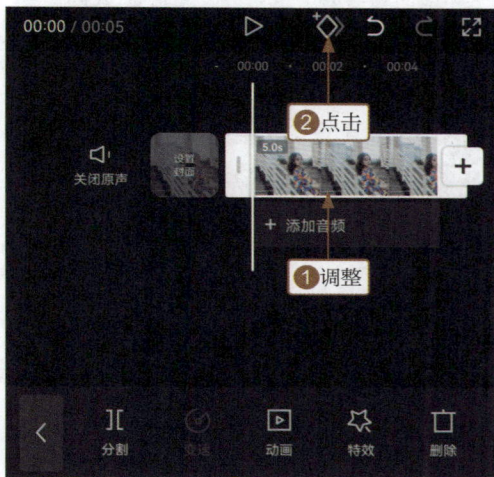

图 3-126　调整素材并添加关键帧

图 3-127　双指捏合将照片缩至最小

03 拖曳时间轴至素材的末尾位置，如图 3-128 所示。

04 将预览区域中的照片放大并移动到屏幕外，如图 3-129 所示，素材的末尾位置会自动形成关键帧。

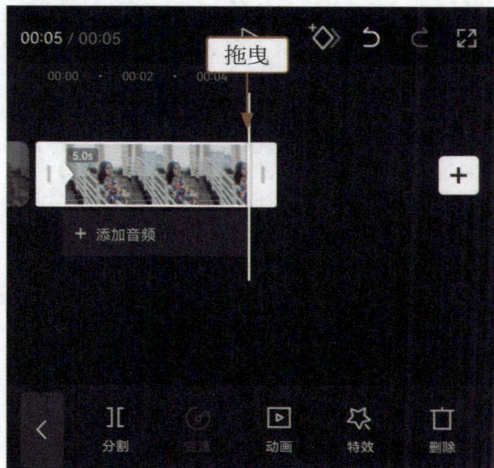

图 3-128　拖曳时间轴至素材的末尾位置

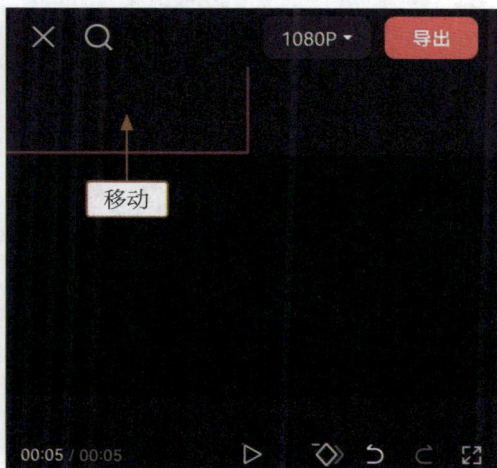

图 3-129　将照片放大并移动到屏幕外

05 在二级工具栏中，点击"动画"按钮，如图 3-130 所示。

06 在弹出的面板中，选择"入场"选项卡中的"渐显"动画，如图 3-131 所示，为素材添加一个入场动画。

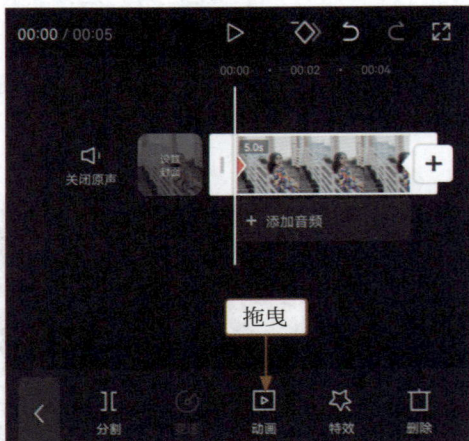

图 3-130　点击"动画"按钮

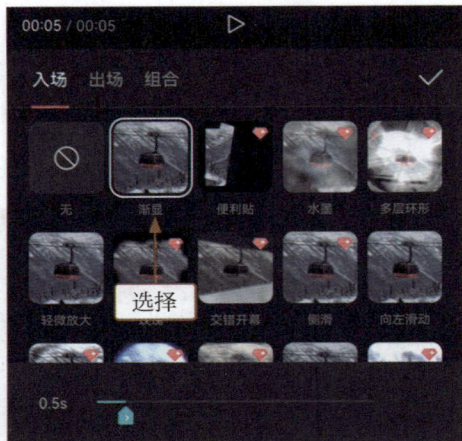

图 3-131　选择"渐显"动画

07 在界面下方的二级工具栏中，点击"复制"按钮，如图 3-132 所示，即可复制一个素材片段。

08 重复上面的步骤，在轨道中继续复制 5 个素材片段，如图 3-133 所示。此时，轨道中一共有 7 个素材片段。

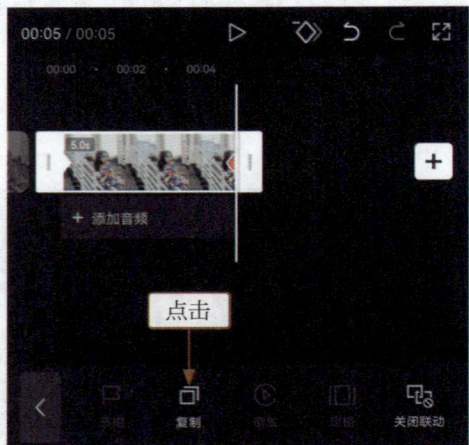

图 3-132　点击"复制"按钮

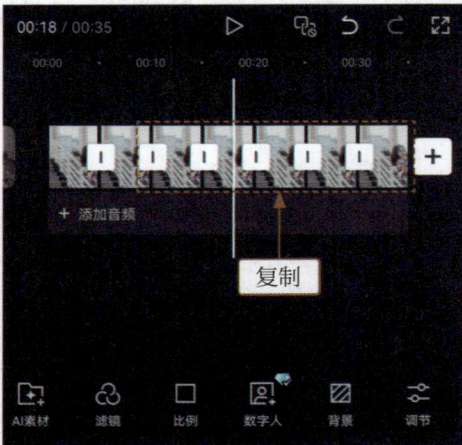

图 3-133　复制 5 个素材片段

09 ❶选择视频轨道中的第 1 个片段；❷点击"切画中画"按钮，如图 3-134 所示，即可将第 1 个片段切换至画中画轨道。

10 用同样的方法，依次将剩下的 5 个片段都切换至画中画轨道，如图 3-135 所示。

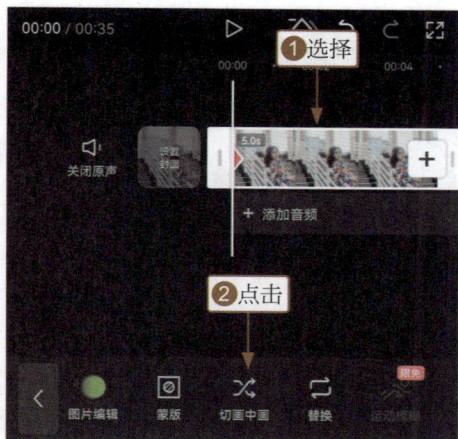

图 3-134　将第 1 个片段切换至画中画轨道

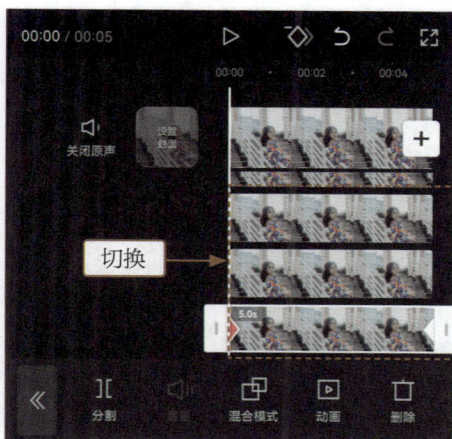

图 3-135　将 5 个片段都切换至画中画轨道

11　将每个素材依次向后移动并呈阶梯状摆放，如图 3-136 所示。

12　在画中画轨道素材的末尾关键帧处，将图片移出至不同的位置。在画中画轨道中最后一个素材的末尾关键帧处，将图片放大直至铺满整个屏幕，如图 3-137 所示。

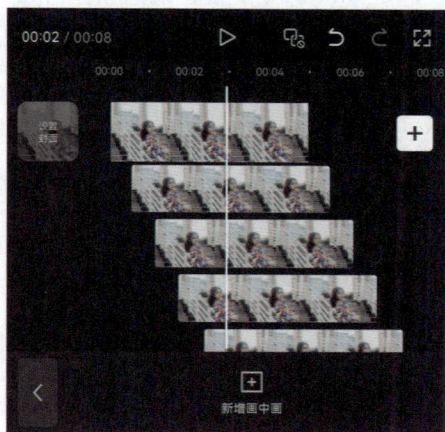

图 3-136　将素材呈阶梯状摆放

图 3-137　将图片放大直至铺满整个屏幕

13　❶选择画中画轨道中的第 1 个素材，❷点击"替换"按钮，如图 3-138 所示。

14　进入"照片视频"界面，在"照片"选项卡中选择一张照片，如图 3-139 所示，即可在轨道中替换成新的照片。

15　用同样的方法，将剩下的 5 个素材全部替换成新的照片，如图 3-140 所示。

16　在一级工具栏中，点击"音频"按钮，如图 3-141 所示。

17　在弹出的二级工具栏中，点击"提取音乐"按钮，如图 3-142 所示。

18　进入"照片视频"界面，❶选择视频素材；❷点击"仅导入视频的声音"按钮，如图 3-143 所示。

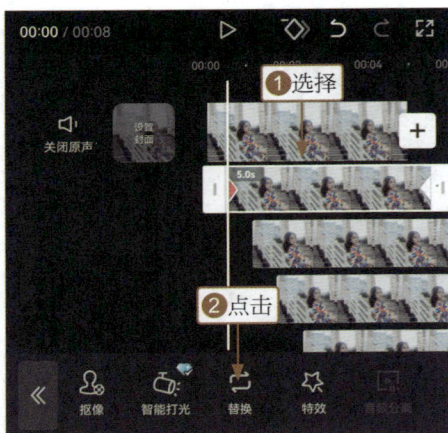

图 3-138　点击"替换"按钮

图 3-139　选择一张照片

图 3-140　替换新的照片

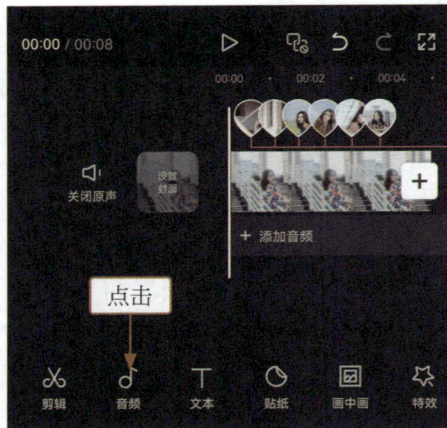

图 3-141　点击"音频"按钮

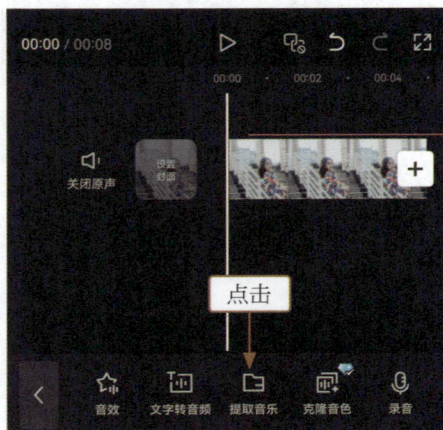

图 3-142　点击"提取音乐"按钮

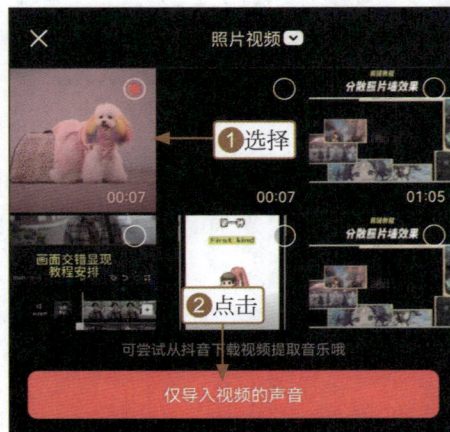

图 3-143　点击"仅导入视频的声音"按钮

19 稍等片刻，即可成功提取音乐，如图 3-144 所示。

20 点击"导出"按钮，如图 3-145 所示，导出视频。

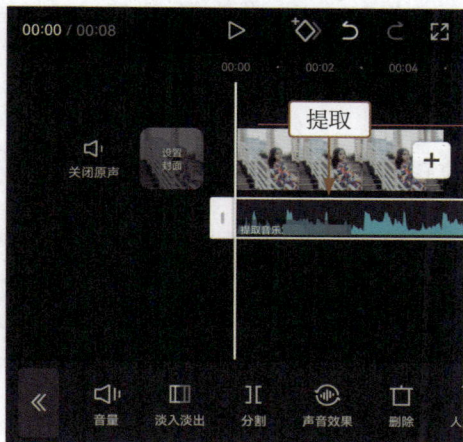

图 3-144　提取音乐

图 3-145　点击"导出"按钮

2．剪映电脑版

效果展示　　　视频教学

下面介绍在剪映电脑版中制作多层画中画浮现效果的操作方法。

01 打开剪映电脑版，进入"媒体"功能区，❶在"本地"选项卡中导入 7 张图片素材；❷单击第 1 张图片右下角的"添加到轨道"按钮■，如图 3-146 所示，将其添加至视频轨道。

02 在"画面"操作区中，单击"位置大小"右侧的"添加关键帧"按钮●，如图 3-147 所示，添加关键帧。

图 3-146　添加图片至视频轨道

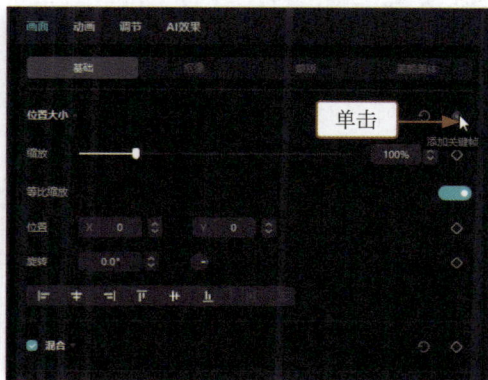

图 3-147　单击"添加关键帧"按钮

03 拖曳时间轴至素材的末尾位置，如图 3-148 所示。

04　在"画面"操作区中，❶设置"缩放"参数为 1%；❷单击"位置大小"右侧的"添加关键帧"
　　　按钮◈，如图 3-149 所示，添加关键帧。

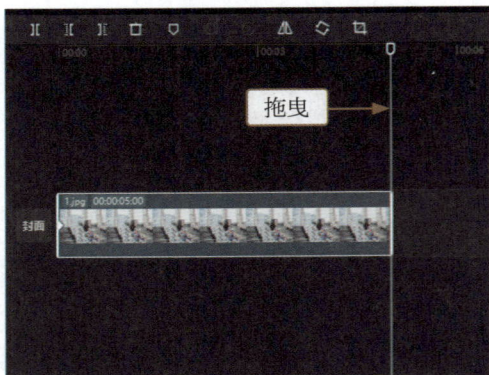

图 3-148　拖曳时间轴至素材的末尾位置　　　　　　　图 3-149　设置参数并添加关键帧

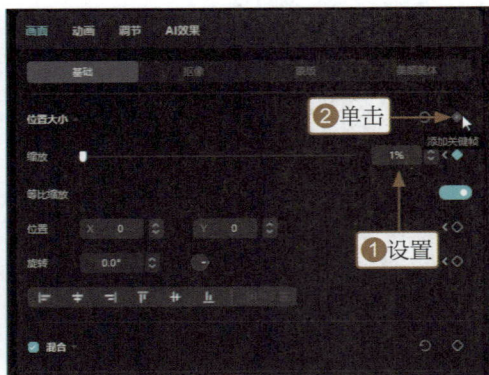

05　❶单击"动画"按钮，进入"动画"操作区；❷选择"入场"选项卡中的"渐显"动画，如图 3-150
　　　所示，为图片素材添加入场动画。

06　❶选择原始图片素材；❷按【Ctrl ＋ C】组合键复制素材，按【Ctrl ＋ V】组合键粘贴素材，
　　　如图 3-151 所示，即可复制一个素材片段。

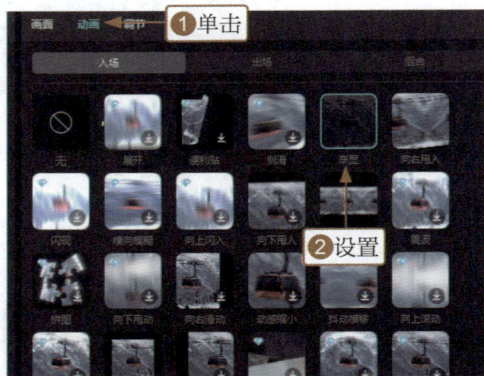

图 3-150　选择"渐显"动画　　　　　　　　　　　　图 3-151　复制素材片段

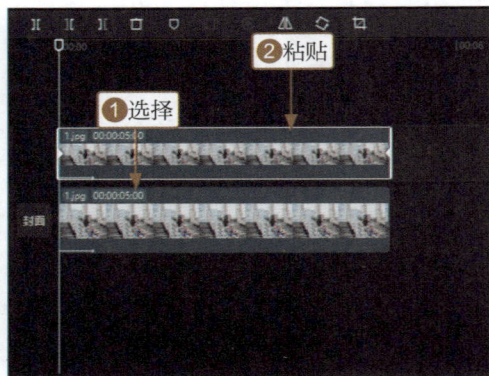

07　用同样的方法，再将素材复制 5 份，如图 3-152 所示，此时轨道中一共有 7 个素材片段。

08　将每个素材依次向后移动并呈阶梯摆放，如图 3-153 所示。

09　将"本地"选项卡中的第 2 张图片拖曳至第 1 条画中画轨道，如图 3-154 所示。

10　在弹出的面板中，单击"替换片段"按钮，如图 3-155 所示，替换素材。

11　用同样的方法，将剩下的 5 个素材片段全都替换成新的图片，选择画中画轨道中的第 1 个片段，
　　　如图 3-156 所示。

12　在"播放器"面板中，将图片拖曳至左下角，如图 3-157 所示。

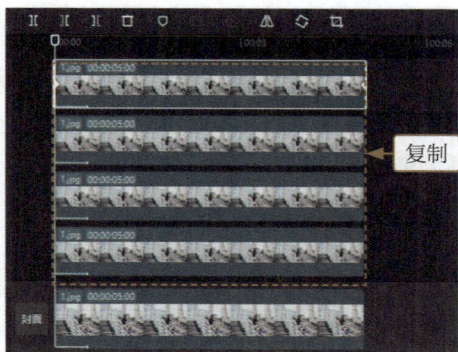

图 3-152　将素材复制 5 份

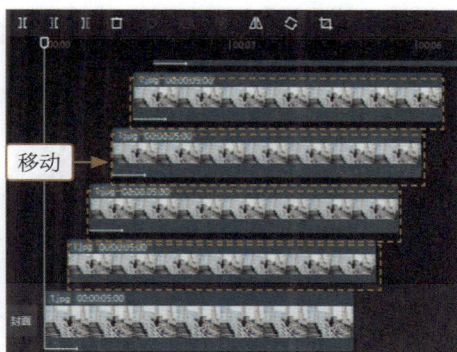

图 3-153　将素材向后移动并呈阶梯摆放

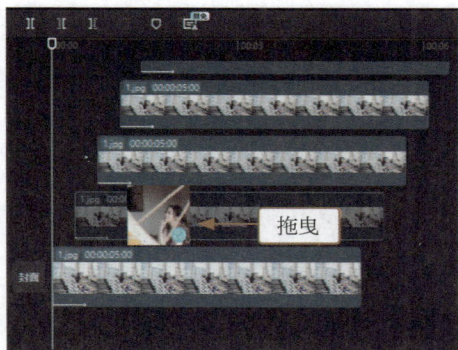

图 3-154　拖曳图片至画中画轨道

图 3-155　单击"替换片段"按钮

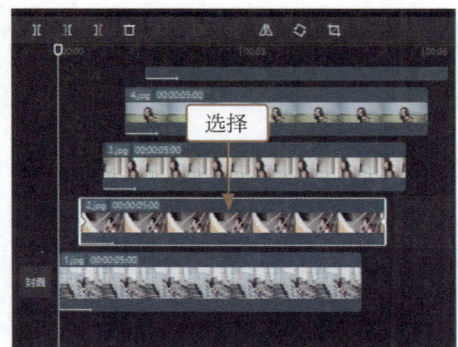

图 3-156　选择画中画轨道中的第 1 个片段

图 3-157　将图片拖曳至左下角

13　选择画中画轨道中的第 2 个片段，在"播放器"面板中将图片移出画面，如图 3-158 所示。

14　用同样的方法，将剩下的 5 个素材向四周拖曳并移出画面，效果如图 3-159 所示。

15　执行操作后，❶单击"音频"按钮，进入"音频"功能区；❷切换至"音频提取"选项卡；❸单击"导入"按钮，如图 3-160 所示，导入一段音频素材。

16　单击音频右下角的"添加到轨道"按钮 ➕，如图 3-161 所示。

图 3-158　将图片移出画面

图 3-159　将素材向四周拖曳并移出画面

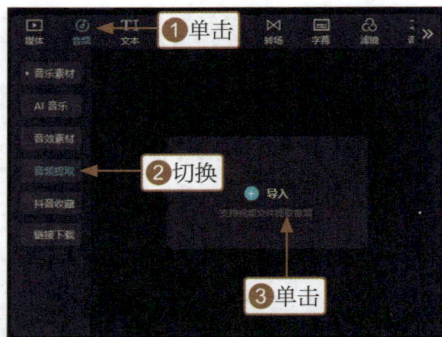

图 3-160　导入音频素材

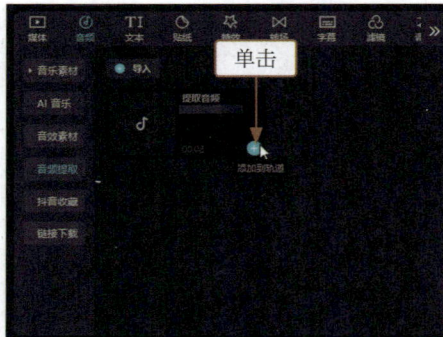

图 3-161　单击"添加到轨道"按钮

专家提醒

用户不仅可以使用本地音乐，还可以在音乐素材库中搜索合适的音乐，添加到轨道中。

---

17 ❶将时间轴拖曳至轨道中最后一个素材的末尾位置；❷选中音频素材；❸单击"向右裁剪"按钮 ▐，如图 3-162 所示，删除多余的音频。

18 操作完成后，单击"导出"按钮，如图 3-163 所示，导出视频。

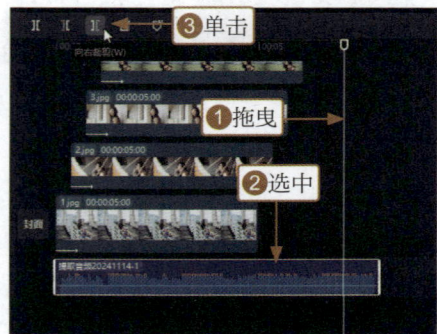

图 3-162　设置音频

图 3-163　单击"导出"按钮

第 4 章
一键成片

　　剪映的"一键成片"功能十分便捷，用户只需套用模板，便能快速生成视频，让视频剪辑过程变得更为简单。特别是当用户面对零散的素材，不确定该剪辑成何种风格时，这一功能便可迅速发挥作用，助力用户快速制作出质量上乘的视频。本章将为大家详细介绍使用"一键成片"功能的操作方法。

4.1　成片方式

　　剪映中的"一键成片"功能利用人工智能技术，实现了图文和本地素材的自动匹配和编辑，大大简化了视频制作的流程，提高了视频制作的效率。本节主要介绍使用"一键成片"功能生成视频的具体操作方法。

4.1.1　选择模板生成视频

　　【效果展示】：在使用"一键成片"功能时，用户需要提前准备好素材，并按照顺序导入剪映中，系统库中提供了丰富的模板，用户可以自行选择喜欢的模板来生成视频，效果如图 4-1 所示。

效果展示　　　视频教学

图 4-1　效果展示

　　下面介绍在剪映手机版中选择模板生成视频的操作方法。

01 打开剪映手机版，进入"剪辑"界面，点击"一键成片"按钮，如图 4-2 所示。

02 进入"照片视频"界面，❶在"照片"选项卡中，依次选择 3 张人像照片；❷点击"下一步"按钮，如图 4-3 所示。

图 4-2　点击"一键成片"按钮

图 4-3　选择照片素材

03 进入相应的界面，❶选择喜欢的模板，预览效果；❷点击"导出"按钮，如图 4-4 所示。

04 在弹出的"导出设置"面板中，点击🖫按钮，如图 4-5 所示，将视频导出至本地相册。

图 4-4　选择模板

图 4-5　点击视频导出按钮

专家提醒

剪映提供了多种模板，建议用户根据视频的内容和风格选择合适的模板。同时，"一键成片"中的模板时常会发生变动，用户如果遇到心仪的模板，可以长按模板进行收藏。

4.1.2　输入提示词生成视频

【效果展示】：在使用"一键成片"功能制作视频时，用户可以通过输入提示词的方式，让剪映精准提供模板，以缩小选择范围，快速生成视频，效果如图 4-6 所示。

效果展示　视频教学

图 4-6　效果展示

下面介绍在剪映手机版中输入提示词生成视频的操作方法。

01　打开剪映手机版，进入"剪辑"界面，点击"一键成片"按钮，如图 4-7 所示。

02　进入"照片视频"界面，❶在"视频"选项卡中，依次选择 4 段视频；❷点击文本框空白处，如图 4-8 所示。

图 4-7　点击"一键成片"按钮

图 4-8　选择视频并点击文本框空白处

03　弹出相应的面板，❶在文本框中输入提示词；❷点击☑按钮，如图 4-9 所示。

04　点击"下一步"按钮，如图 4-10 所示。

| 图 4-9　输入提示词 | 图 4-10　点击"下一步"按钮 |

05　稍等片刻，即可生成一段视频，❶选择喜欢的模板，预览视频效果；❷点击"导出"按钮，如图 4-11 所示。

06　在弹出的"导出设置"面板中，点击⬚按钮，如图 4-12 所示，将视频导出至本地相册。

| 图 4-11　选择模板 | 图 4-12　点击导出视频按钮 |

> 💡 **专家提醒**
>
> 在使用"一键成片"功能时，用户最好导入 3 段及以上的素材，这样生成的视频效果会更好。

4.1.3　编辑一键成片的草稿

　　【**效果展示**】：在使用"一键成片"功能制作视频的过程中，用户可以对视频草稿进行编辑，如混合搭配照片和视频素材、为素材添加动画效果，以此增强画面的动感，提升视频整体的视觉

效果展示　　　视频教学

吸引力，效果如图 4-13 所示。

图 4-13　效果展示

下面介绍在剪映手机版中编辑一键成片视频草稿的操作方法。

01 打开剪映手机版，进入"剪辑"界面，点击"一键成片"按钮，如图 4-14 所示。

02 进入"照片视频"界面，在"照片"选项卡中，选择一张照片素材，如图 4-15 所示。

图 4-14　点击"一键成片"按钮

图 4-15　选择一张照片素材

03 为了添加视频素材，❶切换至"视频"选项卡；❷依次选择 3 段视频素材；❸在文本框中输入提示词；❹点击"下一步"按钮，如图 4-16 所示。

04 进入模板界面，选择喜欢的模板，点击"点击编辑"按钮，如图 4-17 所示。

05 进入相应的界面，点击"解锁草稿"按钮，如图 4-18 所示。

06 进入剪辑界面，❶选择照片素材；❷点击"动画"按钮，如图 4-19 所示。

07 在"入场"选项卡中，选择"玫瑰"动画，如图 4-20 所示，让画面更有动感。

08 操作完成后，点击"导出"按钮，如图 4-21 所示，导出视频。

图 4-16 选择视频素材并输入提示词

图 4-17 点击"点击编辑"按钮

图 4-18 点击"解锁草稿"按钮

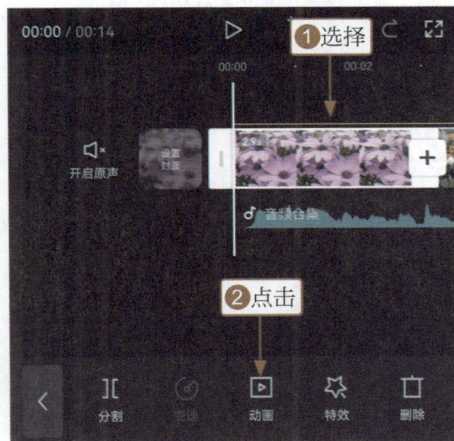

图 4-19 选择照片素材

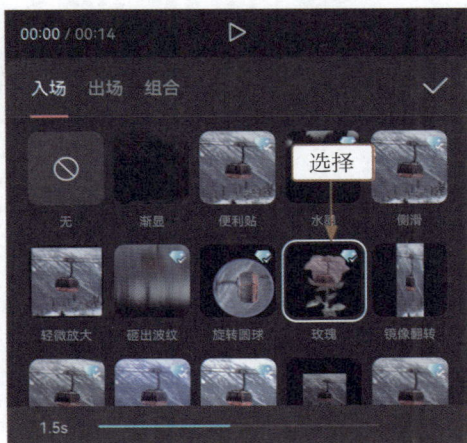

图 4-20 选择"玫瑰"动画

图 4-21 点击"导出"按钮

专家提醒

　　用户在使用"一键成片"生成视频后，可以根据实际需求对视频进行进一步的调整，如修改字幕、调整音乐，以及添加动画等，让视频效果更加丰富。

4.2　应用实例

　　剪映的"一键成片"功能充分考虑了不同用户的多样化需求，以及各类创作场景，提供了多种类型的视频模板，旨在为用户提供更为丰富、精准且适配性强的创作资源。本节主要介绍不同类型素材的一键成片方法。

4.2.1　制作美食视频

【**效果展示**】：剪映提供了多种美食视频模板，以满足用户对于美食视频制作的不同需求。用户可将日常生活中拍摄的美食照片素材套用模板，一键生成精美的美食视频，提升美食的视觉吸引力，效果如图4-22所示。

效果展示　　视频教学

图4-22　效果展示

　　下面介绍在剪映手机版中制作美食视频的操作方法。

01　打开剪映手机版，进入"剪辑"界面，点击"一键成片"按钮，❶在"照片视频"下的"照片"选项卡中，依次选择6张照片；❷点击文本框的空白处，如图4-23所示。

02　❶在文本框中输入提示词"日常美食记录"；❷点击"下一步"按钮，如图4-24所示。

03　稍等片刻，即可生成一段视频，❶选择喜欢的模板；❷点击"导出"按钮，如图4-25所示。

04　在弹出的"导出设置"面板中，点击🖼按钮，如图4-26所示，将视频导出至本地相册。

图 4-23　选择视频并点击文本框空白处

图 4-24　输入提示词

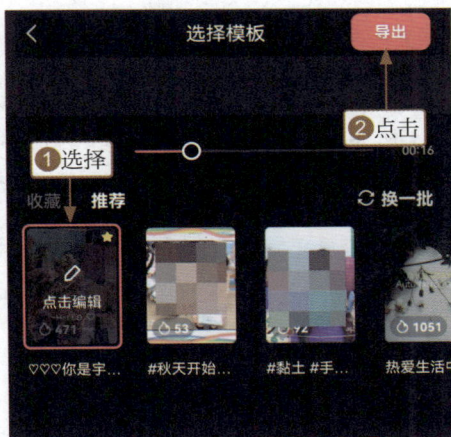

图 4-25　选择模板

图 4-26　点击导出视频按钮

4.2.2　制作航拍大片

【效果展示】：随着技术的进步，无人机航拍已经成为一种非常流行的摄影方式。而无人机拍摄的视频素材也可以通过套用模板，一键生成更有质感的航拍大片，效果如图 4-27 所示。

下面介绍在剪映手机版中制作航拍大片的操作方法。

效果展示　　视频教学

01　打开剪映手机版，进入"剪辑"界面，点击"一键成片"按钮，❶在"照片视频"下的"视频"选项卡中，依次选择 3 段视频；❷点击文本框的空白处，如图 4-28 所示。

图 4-27　效果展示

02 ❶在文本框中输入提示词"航拍大片"；❷点击"下一步"按钮，如图 4-29 所示。

图 4-28　选择视频并点击文本框空白处

图 4-29　输入提示词

03 稍等片刻，即可生成一段视频，❶选择喜欢的模板；❷点击"导出"按钮，如图 4-30 所示。

04 在弹出的"导出设置"面板中，点击📄按钮，如图 4-31 所示，将视频导出至本地相册。

图 4-30　选择模板

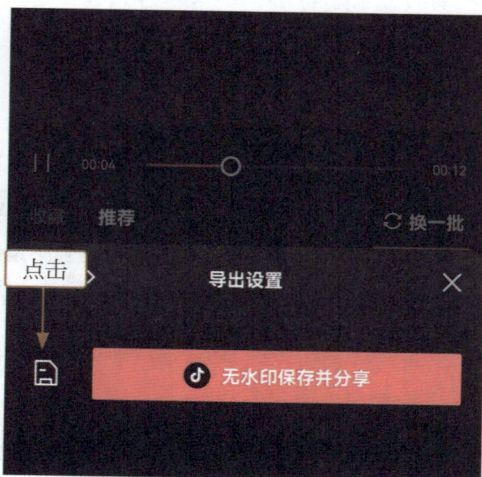

图 4-31　点击视频导出按钮

4.2.3　制作情绪短片

【效果展示】：在这个快节奏的时代，每个人都渴望自己的心声能被倾听、自己的存在能被看见。借助先进的一键成片技术，我们可以将日常生活中的零散片段，以及那些转瞬即逝的情绪，巧妙制作成一部动人的短片，效果如图 4-32 所示。

效果展示　　　视频教学

图 4-32　效果展示

下面介绍在剪映手机版中制作情绪短片的操作方法。

01　打开剪映手机版，进入"剪辑"界面，点击"一键成片"按钮，❶在"照片视频"下的"视频"选项卡中，依次选择 3 段视频；❷点击文本框的空白处，如图 4-33 所示。

02　❶在文本框中输入提示词"情绪短片"；❷点击"下一步"按钮，如图 4-34 所示。

图 4-33　选择视频并点击文本框空白处　　　　　　图 4-34　输入提示词

03　稍等片刻，即可生成一段视频，❶选择喜欢的模板；❷点击"导出"按钮，如图 4-35 所示。

04　在弹出的"导出设置"面板中，点击◨按钮，如图 4-36 所示，将视频导出至本地相册。

图 4-35　选择模板

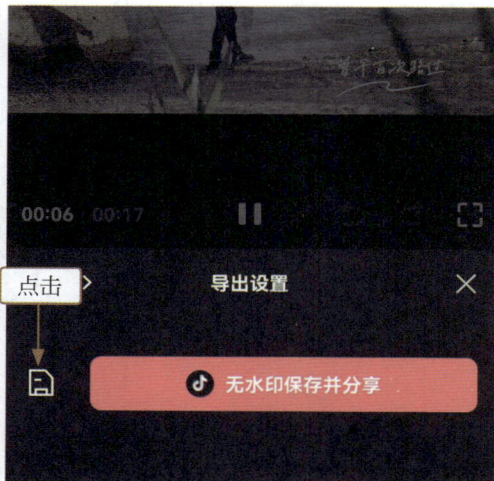

图 4-36　点击视频导出按钮

4.2.4　制作旅行Vlog

【效果展示】："一键成片"功能中的模板，提供了滤镜、特效和字幕等预设效果。用户以视频的形式记录和分享旅行经历时，可以使用这些效果，以增加视频内容的互动性和观赏性，展现旅途的风景和旅行的魅力，效果如图 4-37 所示。

效果展示　　视频教学

图 4-37　效果展示

下面介绍在剪映手机版中制作旅行 Vlog 的操作方法。

01 打开剪映手机版，进入"剪辑"界面，点击"一键成片"按钮，❶在"照片视频"下的"视频"选项卡中，依次选择 3 段视频；❷点击文本框的空白处，如图 4-38 所示。

02 ❶在文本框中输入提示词"剪个旅行 Vlog"；❷点击"下一步"按钮，如图 4-39 所示。

图 4-38　选择视频并点击文本框空白处

图 4-39　输入提示词

03　稍等片刻，即可生成一段视频，❶选择喜欢的模板；❷点击"导出"按钮，如图 4-40 所示。

04　在弹出的"导出设置"面板中，点击■按钮，如图 4-41 所示，将视频导出至本地相册。

图 4-40　选择模板

图 4-41　点击导出视频按钮

4.2.5　制作卡点视频

【效果展示】："一键成片"中的卡点模板，通过将视频画面与音乐节奏紧密结合，使得画面变化与音乐节拍相匹配，从而让视频更具动感和节奏感，效果如图 4-42 所示。

效果展示　　　视频教学

下面介绍在剪映手机版中制作卡点视频的操作方法。

图 4-42   效果展示

01   打开剪映手机版，进入"剪辑"界面，点击"一键成片"按钮，❶ 在"照片视频"下的"视频"
选项卡中，依次选择 5 段视频素材；❷ 点击文本框空白处，如图 4-43 所示。

02   ❶ 在文本框中输入提示词"卡点"；❷ 点击"下一步"按钮，如图 4-44 所示。

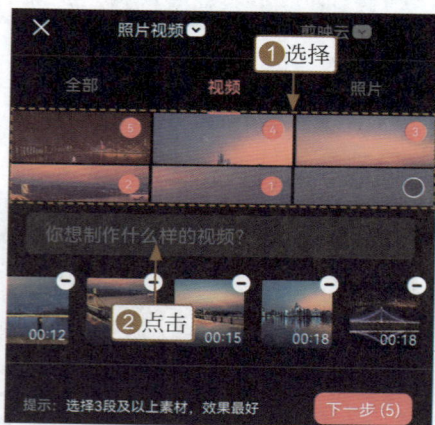

图 4-43   选择视频并点击文本框空白处

图 4-44   输入提示词

03   稍等片刻，即可生成一段视频，❶ 选择喜欢的模板；❷ 点击"导出"按钮，如图 4-45 所示。

04   在弹出的"导出设置"面板中，点击 🖫 按钮，如图 4-46 所示，将视频导出至本地相册。

图 4-45   选择模板

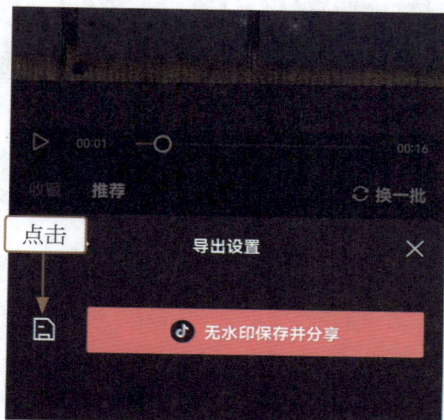

图 4-46   点击导出视频按钮

第 5 章
图文成片

　　剪映的"图文成片"功能十分强大，它借助人工智能技术，能够将文字和图片自动结合并转化为视频内容。该功能通过分析输入的文本，自动选取或生成图片、视频片段、动画及音乐等多媒体元素，快速生成完整的视频作品。本章主要介绍使用"图文成片"功能生成文案和视频的操作方法。

5.1 自由编辑文案

在剪映的"图文成片"功能模块里，划分了不同的创作板块。其中，"自由编辑文案"界面为用户打造了便捷的文案创作环境，用户可以在此输入文案内容，借助该界面提供的文案润色、扩写和缩写等功能，让文案写作过程更加自由灵活。用户只需依据视频的主题和风格，灵活调整并完善文案，就能轻松达到理想的创作效果。

5.1.1 对旅游文案进行润色

在"图文成片"功能模块中，用户可以对文案进行润色处理。通过润色，文案会变得更加流畅、准确，能够更好地传达主题和信息。

下面介绍在剪映手机版中对旅游文案进行润色的操作方法。

视频教学

01 打开剪映手机版，进入"剪辑"界面，点击"图文成片"按钮，如图 5-1 所示。

02 进入"图文成片"界面，点击"自由编辑文案"按钮，如图 5-2 所示。

图 5-1 点击"图文成片"按钮

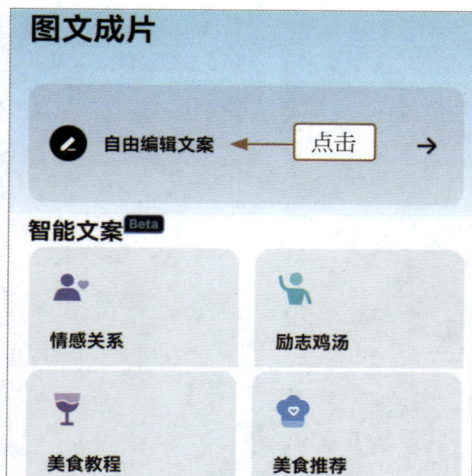

图 5-2 点击"自由编辑文案"按钮

03 进入自由编辑文案界面，❶输入文本内容；❷点击"润色"按钮，对文本内容进行润色，如图 5-3 所示。

04 稍等片刻，即可生成润色后的文案内容，点击"替换"按钮，如图 5-4 所示，即可替换文案。

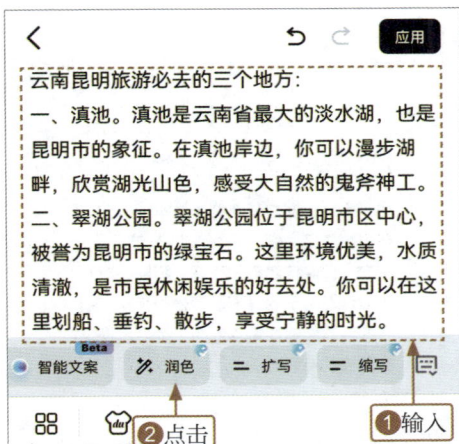

图 5-3　输入并润色文本

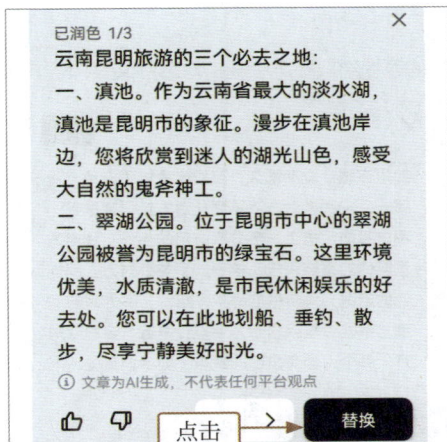

图 5-4　点击"替换"按钮

5.1.2　对情感文案进行扩写

用户可以在"图文成片"功能中对文案进行扩写，通过扩写文案，可以增加主题的细节和深度，使内容更加全面和丰富。

下面介绍在剪映手机版中对情感文案进行扩写的操作方法。

视频教学

01　打开剪映手机版，进入"剪辑"界面，点击"图文成片"按钮，如图 5-5 所示。

02　进入"图文成片"界面，点击"自由编辑文案"按钮，如图 5-6 所示。

图 5-5　点击"图文成片"按钮

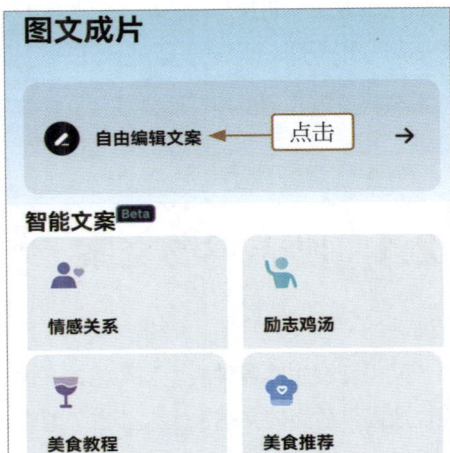

图 5-6　点击"自由编辑文案"按钮

03　进入自由编辑文案界面，❶输入文本内容；❷点击"扩写"按钮，对文本内容进行扩写，如

图 5-7 所示。

04 稍等片刻，即可生成扩写后的文案内容，点击"替换"按钮，如图 5-8 所示，即可替换文案。

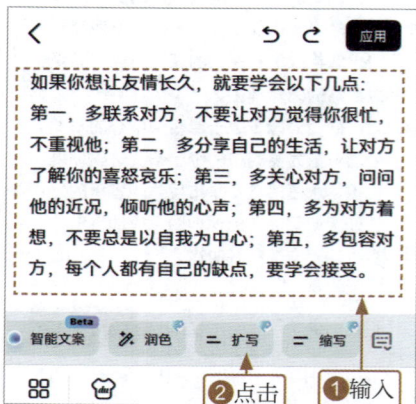

图 5-7　输入并扩写文本

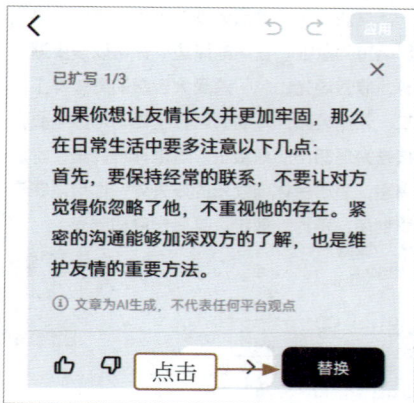

图 5-8　点击"替换"按钮

5.2　智能生成文案

在短视频创作领域，文案撰写是至关重要的一环，它直接关系到视频的吸引力和传播效果。然而，对于许多创作者来说，如何又快又好地写出短视频文案，以及如何精准地写出符合需求的文案，一直是个不小的挑战。剪映的"图文成片"功能为这一难题提供了有效的解决方案，该功能通过智能分析用户输入的主题或关键词，能够迅速生成贴合需求的文案，让文案撰写变得更加高效和精准。

本节将重点介绍使用"图文成片"功能智能生成文案的操作方法。

5.2.1　励志鸡汤文案

剪映的"图文成片"功能非常实用，既支持用户自由编辑文案，按需调整内容，又可智能生成各种类型和风格的文案。无论要制作何种主题的视频，它都能快速提供适配的文案，大大节省了创作者的时间和精力。

视频教学

下面介绍在剪映手机版中编写励志鸡汤文案的操作方法。

01 打开剪映手机版，进入"剪辑"界面，点击"图文成片"按钮，如图 5-9 所示。

02 进入"图文成片"界面，选择"励志鸡汤"选项，如图 5-10 所示。

图 5-9　点击"图文成片"按钮

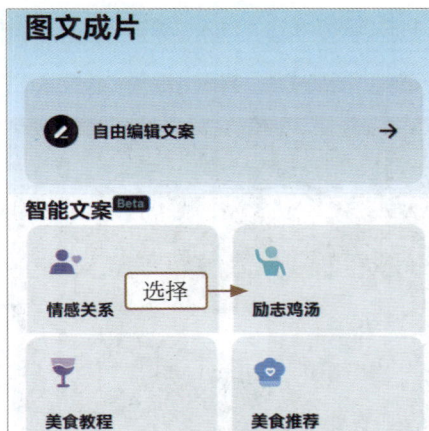

图 5-10　选择"励志鸡汤"选项

03 进入"励志鸡汤"界面，❶输入"主题"为"梦想"、"话题"为"现实与梦想的差距"；❷设置"视频时长"为"1 分钟左右"；❸点击"生成文案"按钮，如图 5-11 所示。

04 稍等片刻，即可生成相应的文案内容，如图 5-12 所示。

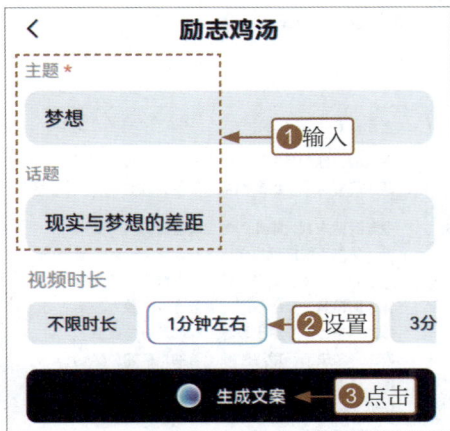

图 5-11　设置并生成文案

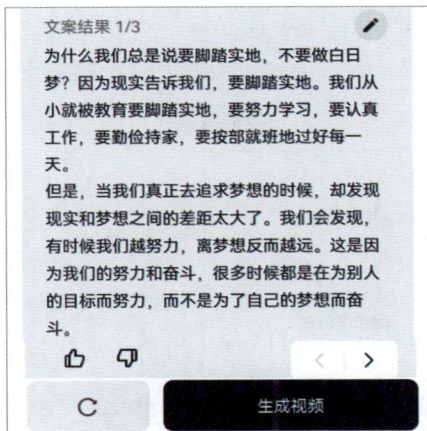

图 5-12　生成的文案内容

5.2.2　美食教程文案

　　在剪映的"图文成片"功能中，用户只需输入美食名称与做法，系统便会自动生成一段完整的教学步骤视频文案，将复杂的烹饪流程清晰呈现，助力用户轻松制作美食教学视频。

视频教学

下面介绍在剪映手机版中编写美食教程文案的操作方法。

01 打开剪映手机版，进入"剪辑"界面，点击"图文成片"按钮，如图 5-13 所示。

02 进入"图文成片"界面，选择"美食教程"选项，如图 5-14 所示。

图 5-13 点击"图文成片"按钮

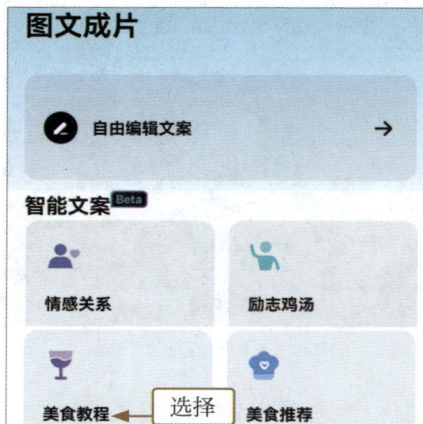

图 5-14 选择"美食教程"选项

03 进入"美食教程"界面，❶ 输入"美食名称"为"糖醋排骨"、"美食做法"为"酸甜味做法"；❷ 设置"视频时长"为"1 分钟左右"；❸ 点击"生成文案"按钮，如图 5-15 所示。

04 稍等片刻，即可生成相应的文案内容，如图 5-16 所示。

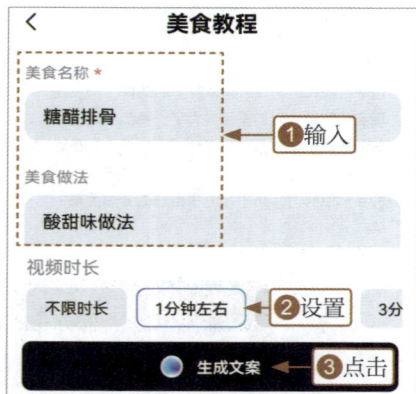

图 5-15 设置并生成文案

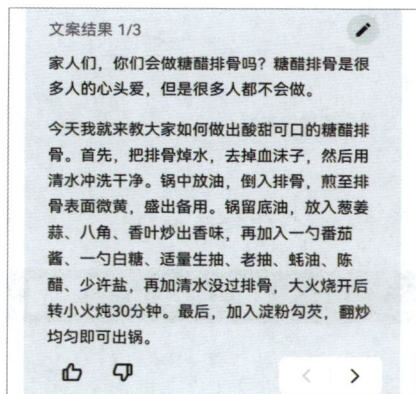

图 5-16 生成的文案内容

5.2.3 生活记录文案

在剪映的"图文成片"功能中，用户只需输入生活记录的主题，再简单描述事件情况，系统就能发挥智能优势，自动生成事件的完整过程，让生活点滴快速转化为生动有趣的视频文案。

1．剪映手机版

下面介绍在剪映手机版中编写生活记录文案的操作方法。

01 打开剪映手机版，进入"剪辑"界面，点击"图文成片"按钮，如图 5-17 所示。

02 进入"图文成片"界面，选择"生活记录"选项，如图 5-18 所示。

视频教学

图 5-17　点击"图文成片"按钮

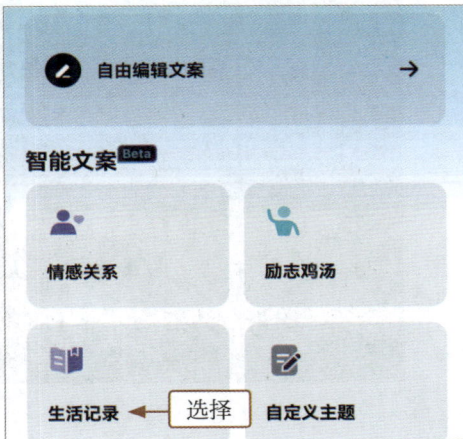

图 5-18　选择"生活记录"选项

03 进入"生活记录"界面，❶输入"主题"为"周末快乐日常"、"事件描述"为"公园野炊"；❷设置"视频时长"为"1 分钟左右"；❸点击"生成文案"按钮，如图 5-19 所示。

04 稍等片刻，即可生成相应的文案内容，如图 5-20 所示。

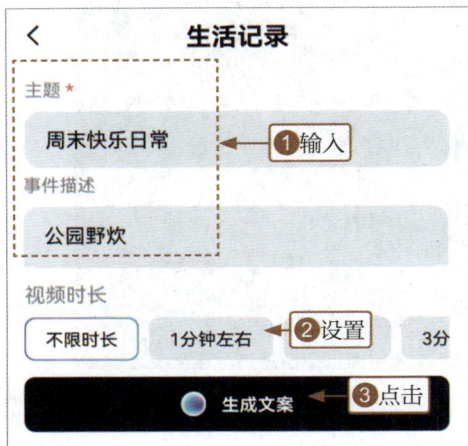

图 5-19　设置并生成文案

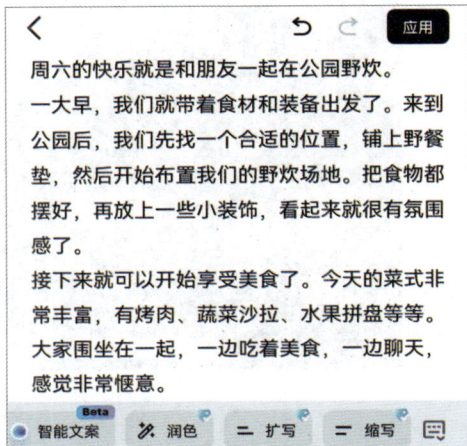

图 5-20　生成的文案内容

2．剪映电脑版

下面介绍在剪映电脑版中编写生活记录文案的操作方法。

01 打开剪映电脑版，进入"剪辑"页面，单击"图文成片"按钮，如图 5-21 所示。

图 5-21　单击"图文成片"按钮

02 进入"图文成片"界面，❶切换至"生活记录"选项卡；❷输入"主题"为"周末快乐日常"、"话题"为"公园野炊"；❸设置"视频时长"为"1分钟左右"；❹单击"生成文案"按钮，如图 5-22 所示。

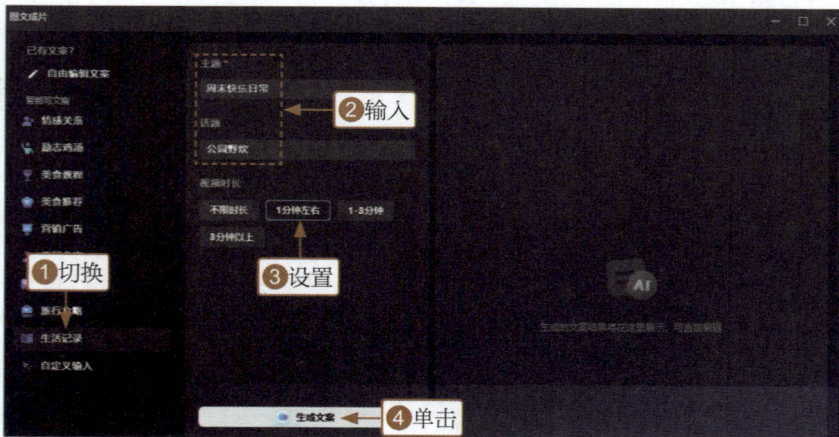

图 5-22　设置并生成文案

03 稍等片刻，即可生成相应的文案内容，如图 5-23 所示。单击 ▶ 按钮，可以切换文案；单击"重新生成"按钮，可以重新生成文案。

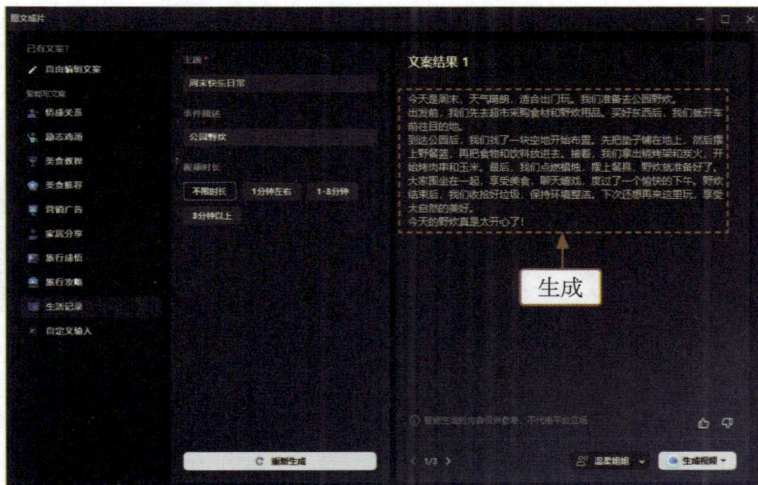

图 5-23　生成的文案结果

5.3　智能生成视频

当视频文案创作完成后，若想将文字转化为完整的视频，可借助剪映的"图文成片"功能。用户可在其中挑选不同的成片方式，依托 AI 技术，将文字一键转化为完整视频。本节将重点介绍智能生成视频的操作方法，助力用户快速产出短视频。

5.3.1　智能匹配素材

"智能匹配素材"功能，可分析和理解文案或内容需求中的关键词、主题及情感色彩，随后在海量素材库中精准搜索并匹配最合适的素材。此操作大幅缩短了素材寻找与匹配的时间，显著提升了内容创作的效率。

1. 剪映手机版

【效果展示】：用户在使用"智能匹配素材"功能时，只要输入文案或导入链接，系统就会为文字自动匹配视频、图片、音

效果展示　　视频教学

频和文字素材，在短时间内快速生成一个完整的短视频，效果如图 5-24 所示。

图 5-24　效果展示

下面介绍在剪映手机版中智能匹配素材生成视频的操作方法。

01　打开剪映手机版，进入"剪辑"界面，点击"图文成片"按钮，如图 5-25 所示。

02　进入"图文成片"界面，选择"智能文案"面板中的"自定义主题"选项，如图 5-26 所示。

图 5-25　点击"图文成片"按钮　　　　　图 5-26　选择"自定义主题"选项

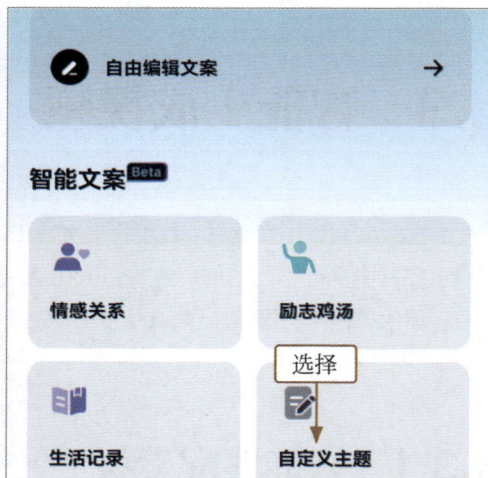

03　在弹出的面板中，❶输入"介绍几种特色湘菜，80 字左右"的文案要求；❷点击"生成"按钮，如图 5-27 所示。

04　稍等片刻，即可生成一段文案，点击"应用"按钮，如图 5-28 所示。

05　在弹出的"请选择成片方式"面板中，选择"智能匹配素材"选项，如图 5-29 所示。

06　稍等片刻，即可生成一段视频，点击"导入剪辑"按钮，如图 5-30 所示。

07　进入视频编辑界面，点击"背景"按钮，如图 5-31 所示。

08　在弹出的二级工具栏中，点击"画布模糊"按钮，如图 5-32 所示。

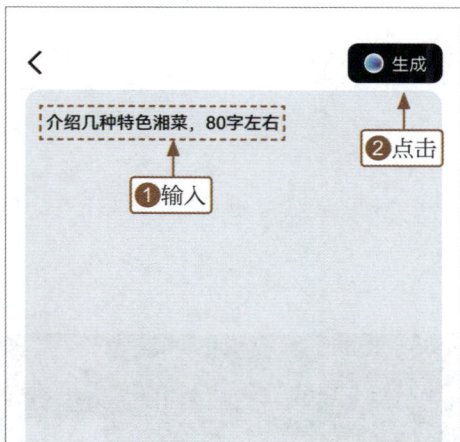

图 5-27　编辑并生成文案

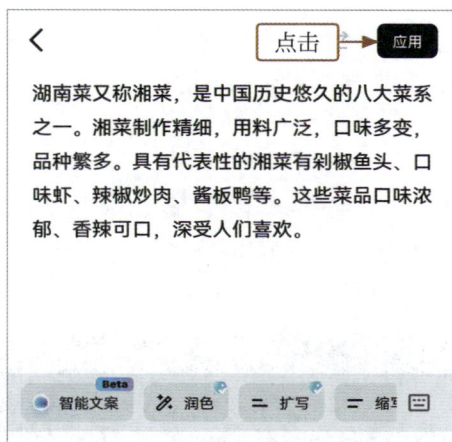

图 5-28　点击"应用"按钮

图 5-29　选择"智能匹配素材"选项

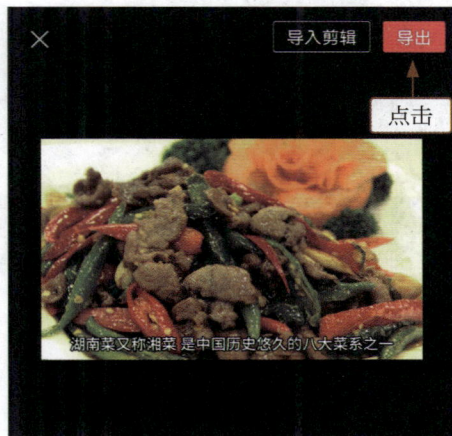

图 5-30　点击"导入剪辑"按钮

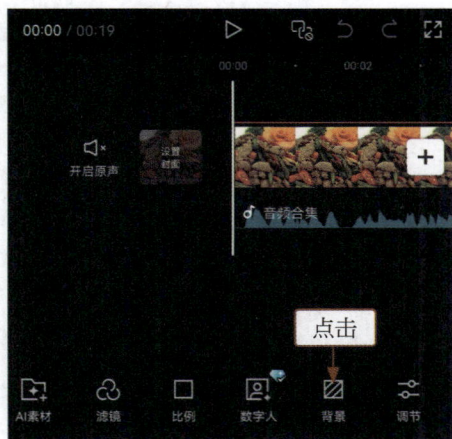

图 5-31　点击"背景"按钮

图 5-32　点击"画布模糊"按钮

💡 **专家提醒**

如果用户不知如何编写文案，可以在"图文成片"界面的智能文案中选择"自定义主题"选项，输入主题即可生成一段完整的文案。

09 弹出"画布模糊"面板，❶选择第 4 个选项；❷点击"全局应用"按钮，如图 5-33 所示，把所有的片段都设置成相同的背景。

10 点击"导出"按钮，如图 5-34 所示，导出视频。

图 5-33　设置视频背景

图 5-34　点击"导出"按钮

2. 剪映电脑版

效果展示　　视频教学

【**效果展示**】：用户在使用剪映电脑版生成视频时，只需输入文案或选定主题，系统便会自动在素材库中筛选匹配素材，快速生成视频。这一功能极大地简化了创作流程，让视频制作更加轻松，效果如图 5-35 所示。

图 5-35　效果展示

下面介绍在剪映电脑版中智能匹配素材生成视频的操作方法。

01 打开剪映电脑版，单击"图文成片"按钮，如图 5-36 所示。

图 5-36　单击"图文成片"按钮

02 进入"图文成片"页面，单击"自由编辑文案"按钮，如图 5-37 所示。

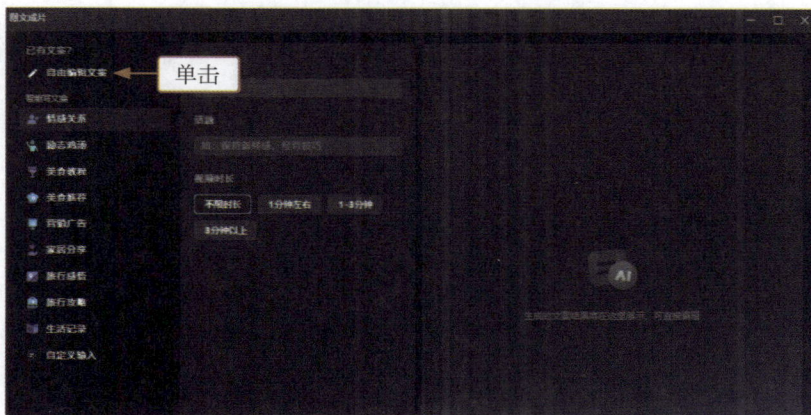

图 5-37　单击"自由编辑文案"按钮

03 进入"自由编辑文案"界面，❶ 输入文案；❷ 单击"生成视频"按钮，如图 5-38 所示。

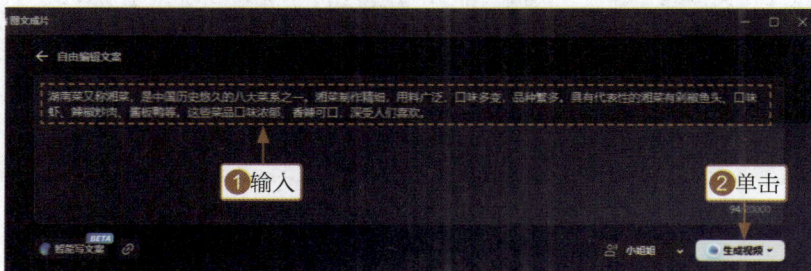

图 5-38　输入文案并生成视频

04 在弹出的"请选择成片方式"面板中，选择"智能匹配素材"中的"匹配高清素材"选项，如图 5-39 所示。

05 稍等片刻，即可生成一段视频，如图 5-40 所示。

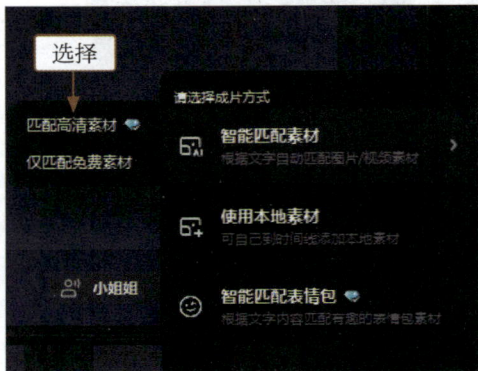

图 5-39 选择"匹配高清素材"选项

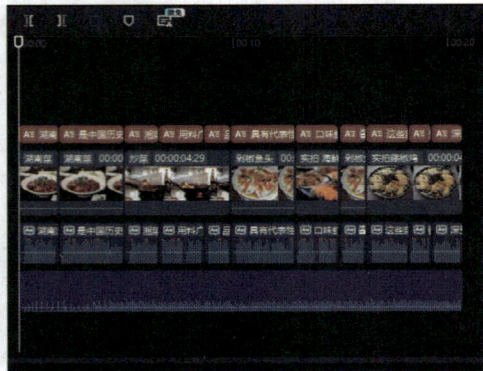

图 5-40 生成一段视频

专家提醒

用户使用"智能匹配素材"功能生成视频时，即便输入的文案完全相同，剪映生成的视频也会存在差异，这是因为其匹配的素材会根据素材库的实时更新、算法的随机性等因素而有所不同。

5.3.2 使用本地素材

【效果展示】：在使用"图文成片"功能的过程中，不仅可以智能匹配素材，还可以手动添加本地相册中的视频或图片素材，让视频制作过程更加灵活、自由，用户的操作空间更广泛，效果如图 5-41 所示。

图 5-41 效果展示

1．剪映手机版

下面介绍在剪映手机版中使用本地素材生成视频的操作方法。

效果展示　　视频教学

01 打开剪映手机版，进入"剪辑"界面，点击"图文成片"按钮，进入"图文成片"界面，点击"自由编辑文案"按钮，如图 5-42 所示。

02 进入相应界面，❶ 输入文案；❷ 点击"应用"按钮，如图 5-43 所示。

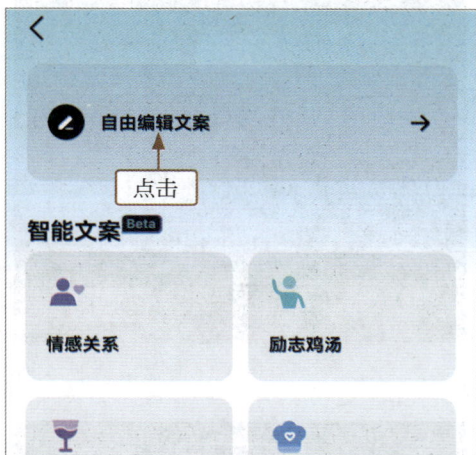

图 5-42　点击"自由编辑文案"按钮

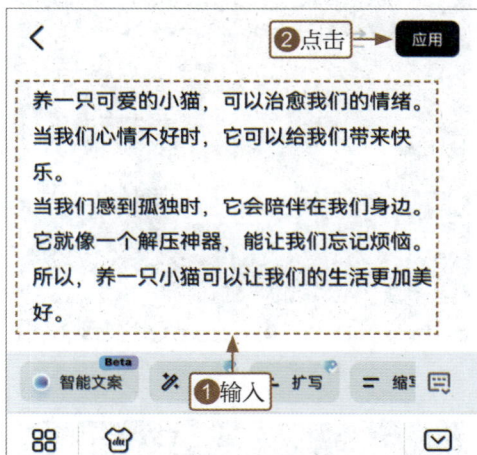

图 5-43　输入并应用文案

03 弹出"请选择成片方式"面板，在其中选择"使用本地素材"选项，如图 5-44 所示。

04 稍等片刻，即可生成一段视频，点击视频空白处的"添加素材"按钮，如图 5-45 所示。

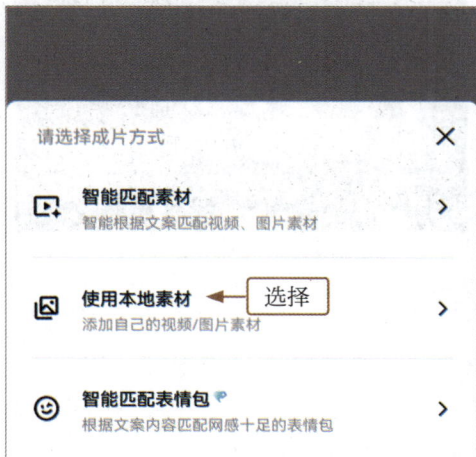

图 5-44　选择"使用本地素材"选项

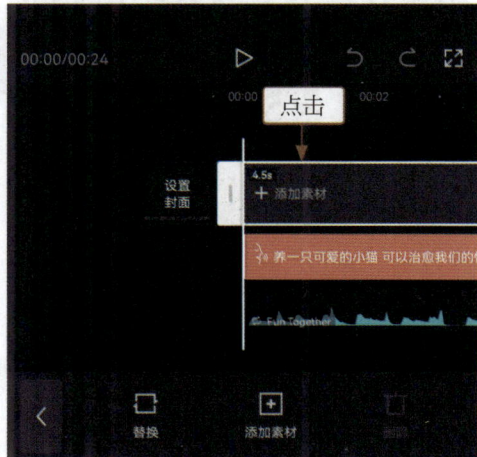

图 5-45　点击"添加素材"按钮

05 弹出相应界面，❶ 切换至"照片视频"下的"照片"选项卡；❷ 选择第 1 张图片，如图 5-46 所示，添加素材。

06 ❶点击第2段空白处；❷选择第2张图片，如图5-47所示。

07 ❶点击第3段空白处；❷选择第3张图片，如图5-48所示。

08 ❶点击第4段空白处；❷选择第4张图片，如图5-49所示。

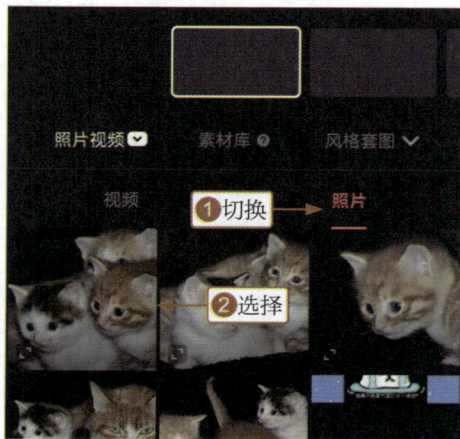

图5-46　选择第1张图片

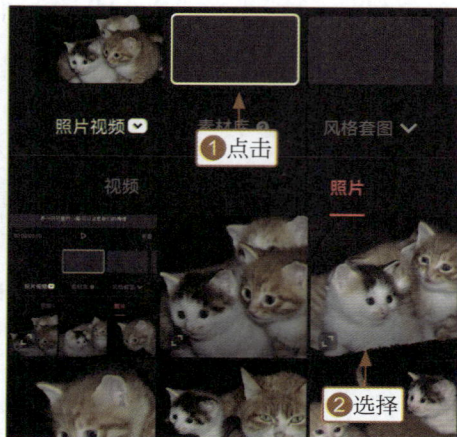

图5-47　选择第2张图片

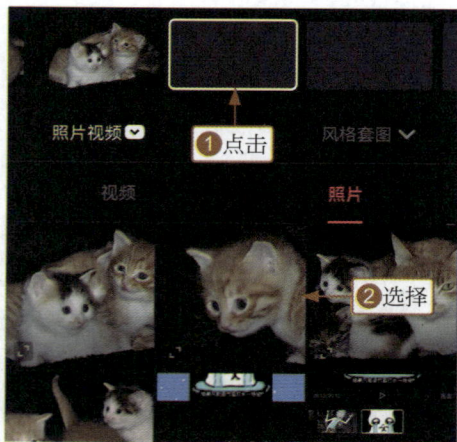

图5-48　选择第3张图片

图5-49　选择第4张图片

09 ❶点击第5段空白处；❷选择第5张图片，如图5-50所示。

10 点击✕按钮，确认更改，如图5-51所示。最后，点击"导出"按钮，导出视频。

💡 **专家提醒**

　　用户在使用"图文成片"功能时，如果对AI匹配的素材不满意或者没有相应的本地素材，还可以在"素材库"或"风格套图"选项卡中进行寻找和替换。

图 5-50　选择第 5 张图片

图 5-51　确认更改

2. 剪映电脑版

下面介绍在剪映电脑版中使用本地素材生成视频的操作方法。

效果展示　视频教学

01 打开剪映电脑版，单击"图文成片"按钮，进入"图文成片"界面，单击"自由编辑文案"按钮，进入相应的界面，❶输入文案；❷单击"生成视频"按钮，如图 5-52 所示。

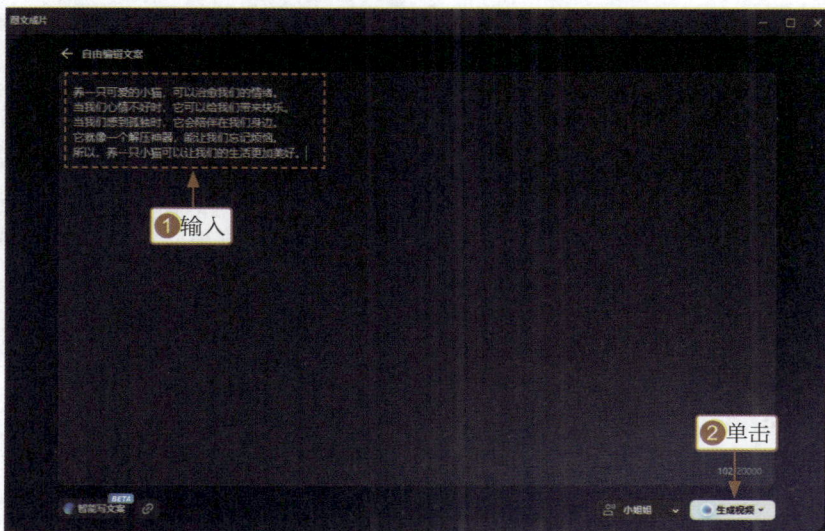

图 5-52　输入文案并生成视频

02　在弹出的"请选择成片方式"面板中，选择"使用本地素材"选项，如图 5-53 所示，稍等片刻，即可生成视频。

03　为了添加素材，进入"媒体"功能区，在"本地"选项卡中，单击"导入"按钮，如图 5-54 所示。

图 5-53　选择"使用本地素材"选项

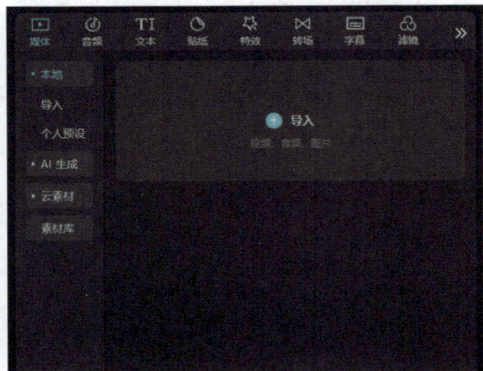

图 5-54　单击"导入"按钮

04　弹出"请选择媒体资源"对话框，❶在文件夹中按【Ctrl + A】组合键，全选 5 张图片素材；❷单击"打开"按钮，如图 5-55 所示，导入素材。

05　单击第 1 段素材右下角的"添加到轨道"按钮，如图 5-56 所示，依次把 5 段素材添加到视频轨道中。

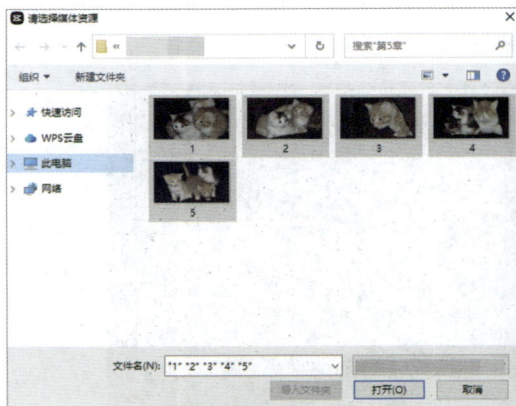

图 5-55　选择并导入素材

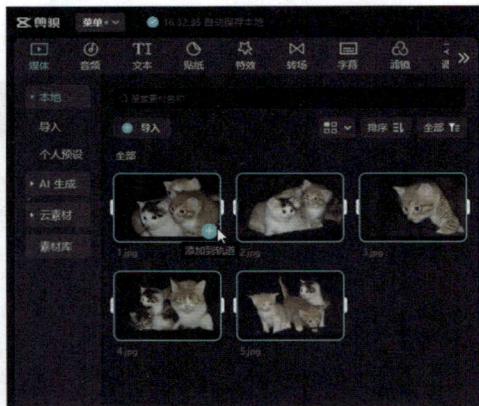

图 5-56　单击"添加到轨道"按钮

06　添加成功后，单击文字轨道和两段音频轨道的"锁定轨道"按钮，如图 5-57 所示，将文字轨道和音频轨道锁定。

07　根据每段音频和文字素材的时长，调整图片素材的时长，使其相互对齐，如图 5-58 所示。单击"导出"按钮，即可导出视频。

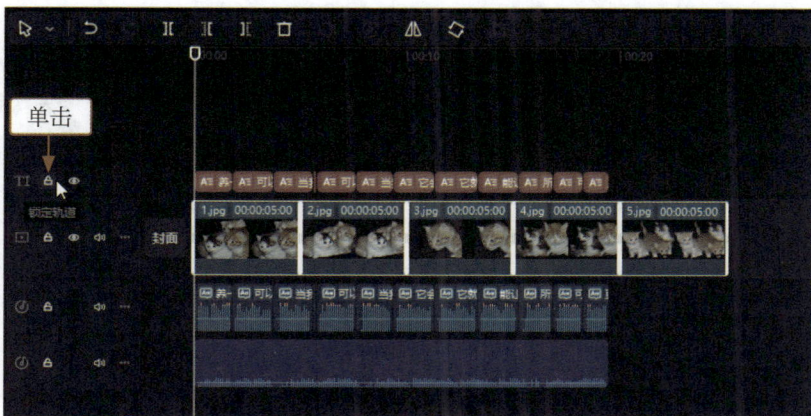

图 5-57 单击"锁定轨道"按钮

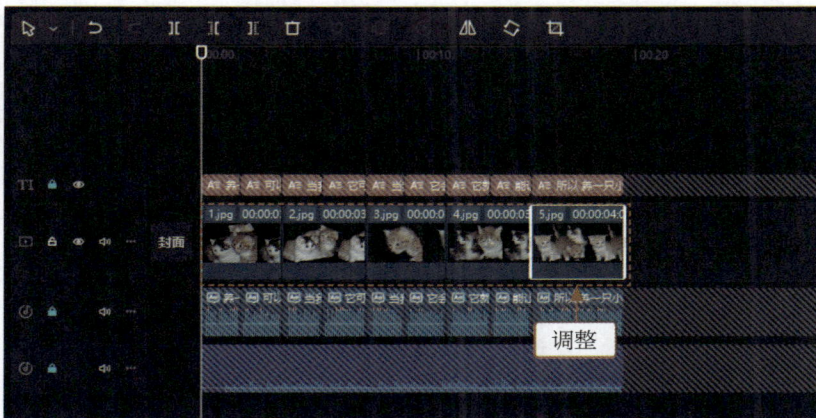

图 5-58 调整图片素材的时长

5.3.3 智能匹配表情包

剪映的"图文成片"功能模块具备智能化特性，能够依据文案内容精准匹配表情包。匹配所得的表情包具有鲜明的网络流行风格，可有效为视频注入幽默元素，进而提升视频的趣味性与吸引力，满足用户多样化的创作需求。

1. 剪映手机版

【效果展示】："智能匹配表情包"功能会根据文字的内容

效果展示

视频教学

和语境，自动为用户匹配相应的表情包或图片素材，效果如图 5-59 所示。

图 5-59　效果展示

下面介绍在剪映手机版中智能匹配表情包生成视频的操作方法。

01 打开剪映手机版，进入"剪辑"界面，点击"图文成片"按钮，进入"图文成片"界面，点击"自由编辑文案"按钮，进入相应界面，❶输入文案；❷点击"应用"按钮，如图 5-60 所示。

02 弹出"请选择成片方式"面板，选择"智能匹配表情包"选项，如图 5-61 所示，添加视频。

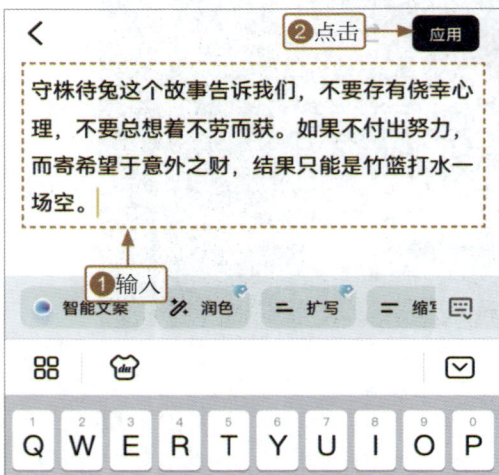

图 5-60　输入并应用文案

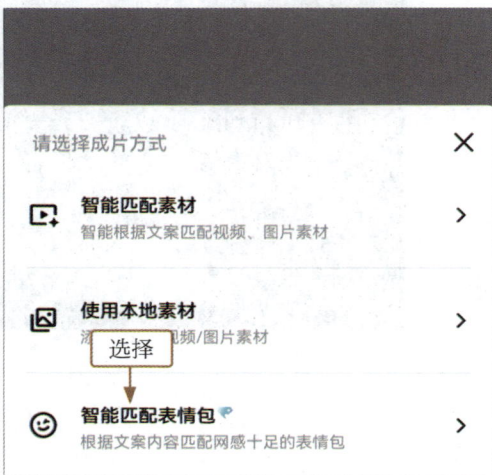

图 5-61　选择"智能匹配表情包"选项

💡 **专 家 提 醒**

"智能匹配表情包"功能需要开通剪映会员才能使用，用户可以根据自身需求决定是否开通会员服务。

---

03 稍等片刻，即可生成一段视频，❶选择最后一段素材；❷点击"替换"按钮，如图 5-62 所示，替换视频素材。

04 ❶在搜索栏中，输入并搜索"哭泣"；❷切换至"表情包"选项卡；❸在搜索结果中选择适合的素材，如图 5-63 所示，替换原来的素材。

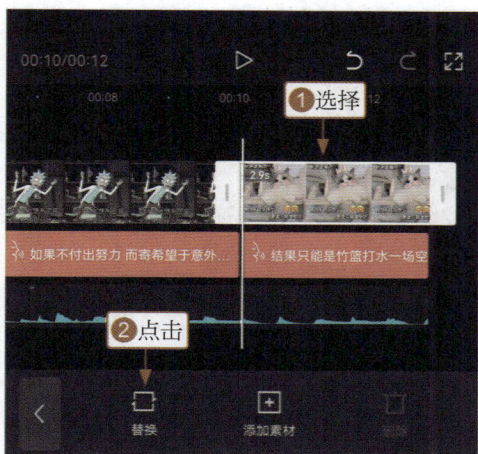

图 5-62　点击"替换"按钮

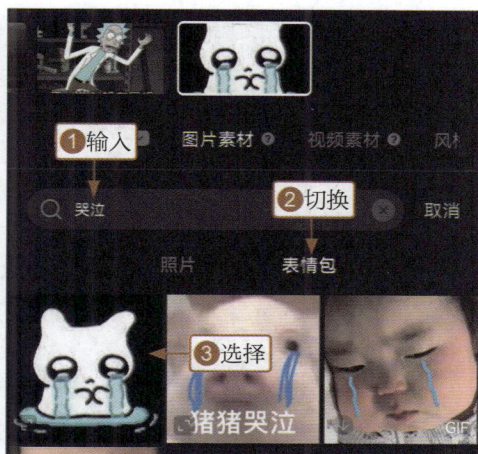

图 5-63　选择需要替换的素材

05 执行操作后，点击"导入剪辑"按钮，如图 5-64 所示。

06 进入视频编辑界面，在界面下方的一级工具栏中，点击"背景"按钮，如图 5-65 所示。

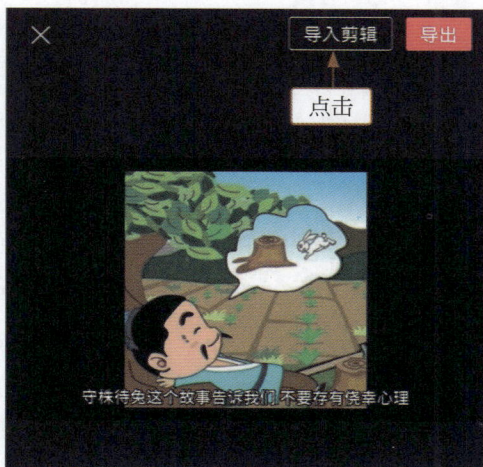

图 5-64　点击"导入剪辑"按钮

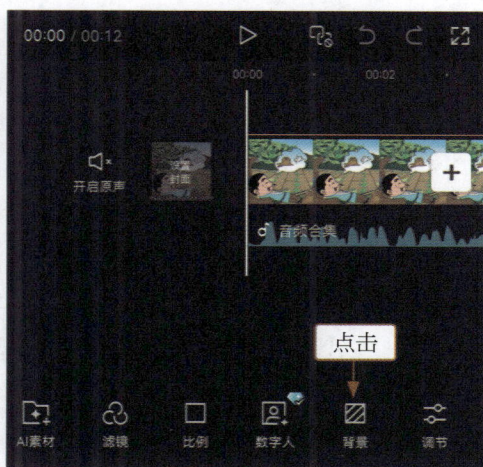

图 5-65　点击"背景"按钮

07 在弹出的二级工具栏中，点击"画布样式"按钮，如图 5-66 所示。

08 弹出"影像"面板，❶选择一个背景样式；❷点击"全局应用"按钮，将背景应用于所有的片段，如图 5-67 所示。最后，点击"导出"按钮，即可导出视频。

专 家 提 醒

　　用户在使用"智能匹配表情包"功能时，生成的视频背景一般是黑色的，用户可以在画布中选择合适的样式进行替换，让画面更加美观。

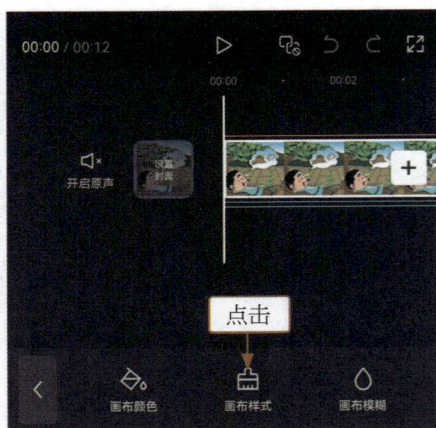

图 5-66　点击"画布样式"按钮

图 5-67　点击"全局应用"按钮

2．剪映电脑版

【效果展示】：在智能匹配表情包的过程中，用户可在预览界面查看匹配结果，并根据实际需求对匹配的表情包或图片素材进行调整。若发现存在不合适的素材，用户可进入素材库，从中筛选并选取合适的素材进行替换，以确保视频内容的准确性和协调性，效果如图 5-68 所示。

效果展示　　视频教学

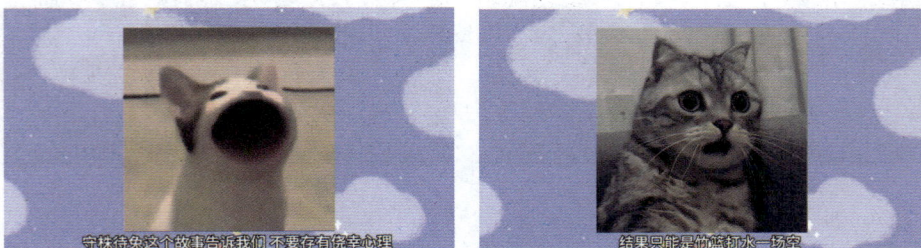

图 5-68　效果展示

下面介绍在剪映电脑版中使用智能匹配表情包生成视频的操作方法。

01　打开剪映电脑版，单击"图文成片"按钮，进入"图文成片"界面，单击"自由编辑文案"按钮，进入相应界面，❶输入文案；❷单击"生成视频"按钮，如图 5-69 所示。

02　弹出"请选择成片方式"面板，选择"智能匹配表情包"选项，如图 5-70 所示。

03　稍等片刻，即可生成一段视频，选择需要替换的素材，如图 5-71 所示。

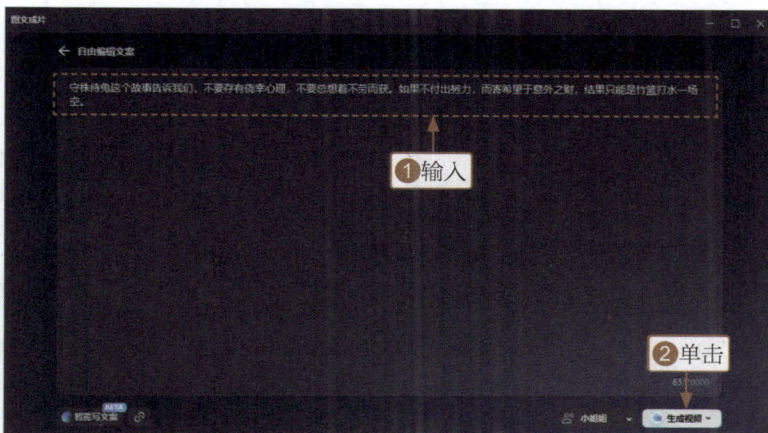

图 5-69　输入文案并生成视频

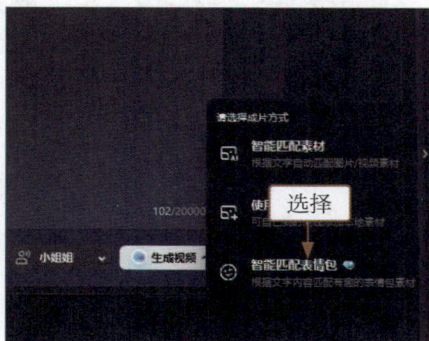

图 5-70　选择"智能匹配表情包"选项

图 5-71　选择需要替换的素材

04　在"素材库"选项卡中，❶切换至"萌宠表情包"选项卡；❷选择合适的素材，如图 5-72 所示，拖曳素材至最后一段素材的上方。

05　弹出"替换"面板，单击"替换片段"按钮，如图 5-73 所示。

图 5-72　选择合适的素材

图 5-73　单击"替换片段"按钮

06 执行上述操作后，即可替换相应的片段，效果如图 5-74 所示。

07 在右上方的"画面"操作区中，❶设置"背景填充"为"样式"模式；❷选择一个合适的样式；
❸单击"全部应用"按钮，如图 4-75 所示，将所有的片段都设置为相同的背景。

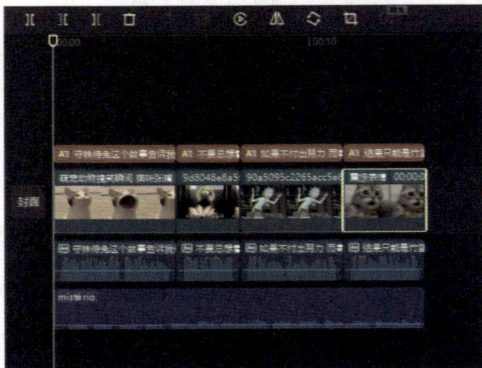

　　　　图 5-74　替换片段　　　　　　　　　　　　　图 5-75　单击"全部应用"按钮

5.4　视频后期编辑

　　使用"图文成片"功能生成的视频，可以再次导入剪映进行剪辑处理，进行设置字幕、添加转场效果等操作，让视频画面更加精彩。本节将为大家介绍视频后期编辑的操作方法。

5.4.1　设置字幕效果

　　在初步生成图文成片视频后，用户可在该视频的基础上进行字幕样式的设置，包括但不限于字体、字号、颜色及特效等方面的调整，以此增强画面的视觉效果，提升视频的整体质量。

1. 剪映手机版

　　【效果展示】：使用剪映"图文成片"功能生成的视频，默认字幕的效果较为普通。用户可根据个人喜好和视频风格，为字幕设置样式，效果如图 5-76 所示。

效果展示　　　视频教学

图 5-76　效果展示

下面介绍在剪映手机版中设置字幕效果的操作方法。

01 打开剪映手机版，进入"剪辑"界面，点击"图文成片"按钮，进入"图文成片"界面，点击"自由编辑文案"按钮，进入相应界面，❶输入文案；❷点击"应用"按钮，如图 5-77 所示。

02 弹出"请选择成片方式"面板，在其中选择"智能匹配素材"选项，如图 5-78 所示。

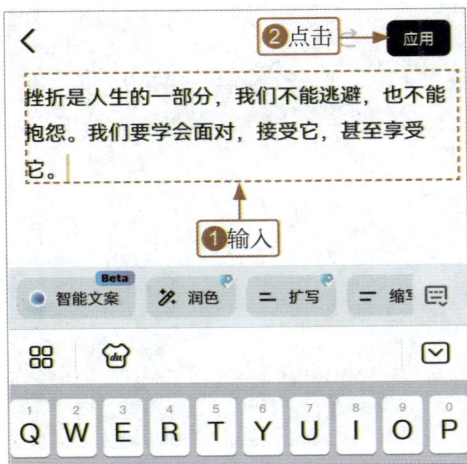

图 5-77　输入并应用文案

图 5-78　选择"智能匹配素材"选项

03 稍等片刻，即可生成一段视频，在界面下方的一级工具栏中，点击"文字"按钮，如图 5-79 所示。

04 在弹出的二级工具栏中，点击"编辑"按钮，如图 5-80 所示。

05 在"字体"|"热门"选项卡中，选择合适的字体，如图 5-81 所示。

06 ❶切换至"样式"选项卡；❷设置"字号"参数为 7，微微放大文字，如图 5-82 所示。

07 ❶切换至"花字"|"热门"选项卡；❷选择一款花字样式；❸点击✓按钮，对文字进行批量编辑，如图 5-83 所示。

08 操作完成后，点击"导出"按钮，如图 5-84 所示，即可导出视频。

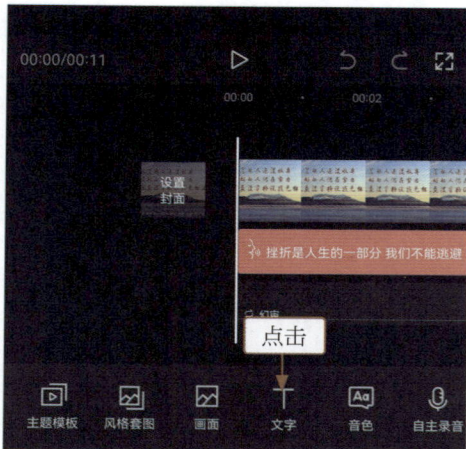

图 5-79 点击"文字"按钮

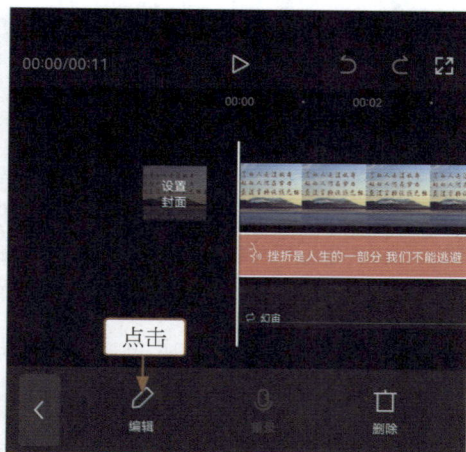

图 5-80 点击"编辑"按钮

图 5-81 选择合适的字体

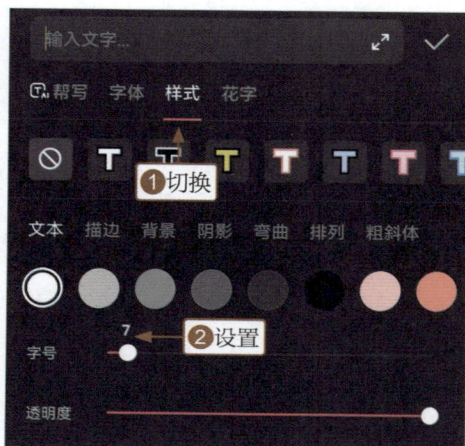

图 5-82 设置字号

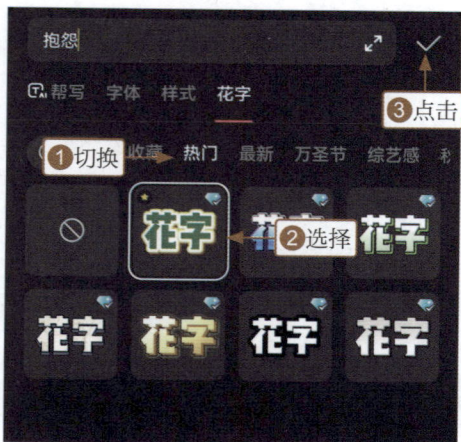

图 5-83 设置花字样式

图 5-84 点击"导出"按钮

2. 剪映电脑版

【效果展示】：在剪映电脑版中，用户可以根据视频内容和自身需求为字幕设置字体、字号，以及花字等效果，从而增强字幕的视觉吸引力，效果如图 5-85 所示。

效果展示　　**视频教学**

图 5-85　效果展示

下面介绍在剪映电脑版中设置字幕效果的操作方法。

01 打开剪映电脑版，单击"图文成片"按钮，进入"图文成片"界面，单击"自由编辑文案"按钮，进入相应界面，❶输入文案；❷单击"生成视频"按钮，如图 5-86 所示。

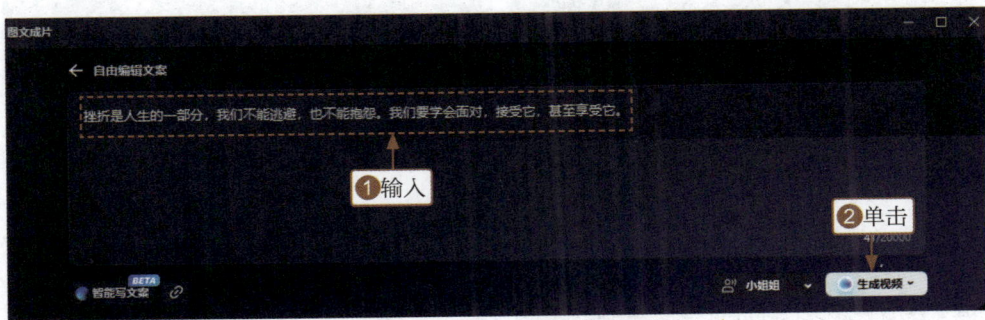

图 5-86　输入文案并生成视频

02 弹出"请选择成片方式"面板，选择"智能匹配素材"中的"匹配高清素材"选项，如图 5-87 所示。

03 稍等片刻，即可生成一段视频，选择文本，如图 5-88 所示。

04 在"文本"操作区中，❶设置一个合适的字体；❷设置"字号"参数为 8，如图 5-89 所示，微微放大文字。

05 ❶切换至"花字"选项卡；❷选择一款合适的花字样式，如图 5-90 所示。

06 执行操作后，即可在"播放器"面板中预览效果，如图 5-91 所示。

07 操作完成后，单击"导出"按钮，如图 5-92 所示，导出视频。

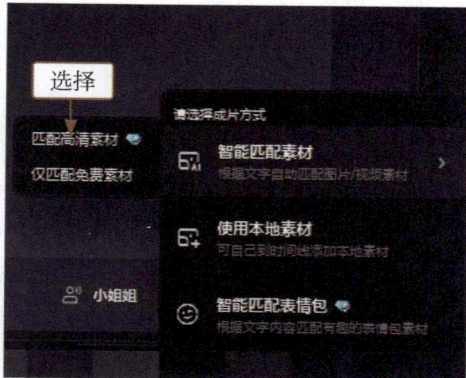

图 5-87　选择"匹配高清素材"选项

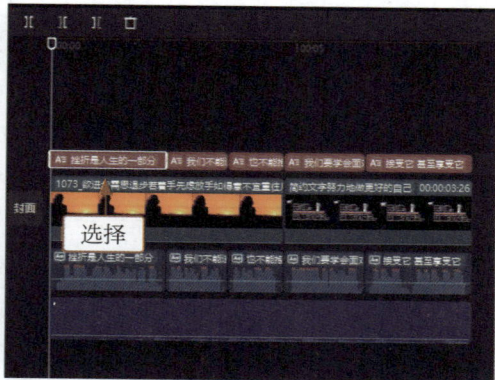

图 5-88　选择文本

图 5-89　设置字体和字号

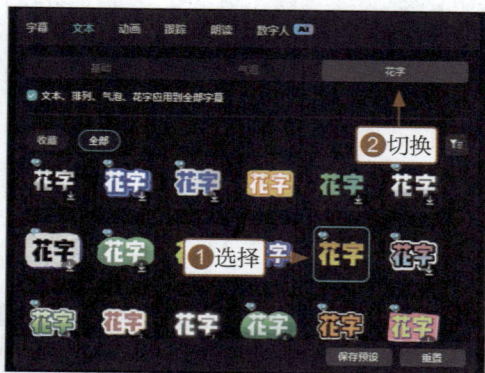

图 5-90　选择合适的花字样式

☀ 专家提醒

用户可以为字幕设置字体、字号或花字等，以增强画面的视觉效果。

图 5-91　在"播放器"面板中预览效果

图 5-92　单击"导出"按钮

5.4.2 添加转场效果

用户在编辑视频时，可以为素材之间添加转场效果。通过这种方式，能够增强画面衔接的流畅度，让整个视频更加生动自然。

1. 剪映手机版

效果展示　　视频教学

【效果展示】：剪映为素材之间添加转场效果，提供了丰富多样的选择，从经典的淡入淡出到酷炫的旋转缩放，各种风格应有尽有，能满足不同主题视频的创作需求，让视频更具观赏性，效果如图 5-93 所示。

图 5-93　效果展示

下面介绍在剪映手机版中添加转场效果的操作方法。

01 打开剪映手机版，进入"剪辑"界面，点击"图文成片"按钮，进入"图文成片"界面，点击"自由编辑文案"按钮，进入相应界面，❶ 输入文案；❷点击"应用"按钮，如图 5-94 所示。

02 在弹出的"请选择成片方式"面板中，选择"智能匹配素材"选项，如图 5-95 所示。

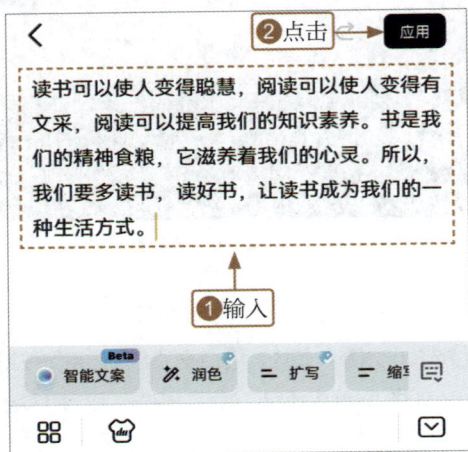

图 5-94 输入并应用文案

图 5-95　选择"智能匹配素材"选项

03 稍等片刻，即可生成一段视频，点击"导入剪辑"按钮，如图 5-96 所示。

04 进入视频编辑界面，❶选择文本；❷点击"编辑"按钮，如图 5-97 所示。

图 5-96　点击"导入剪辑"按钮

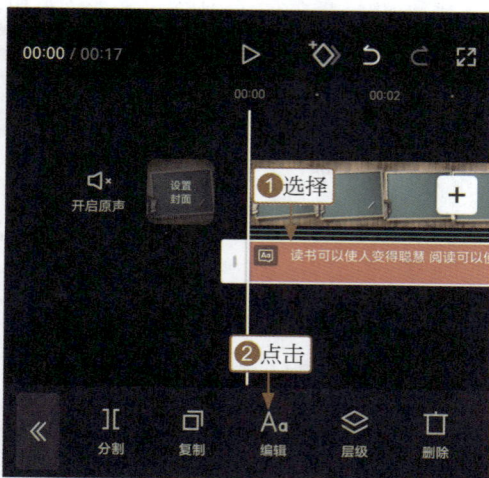

图 5-97　选择文本并编辑

05 在弹出的编辑面板中，修改文本内容，如图 5-98 所示。

06 在预览区域中，调整文字的位置，如图 5-99 所示。

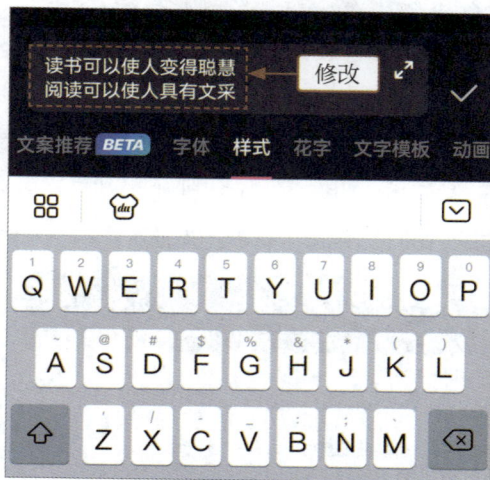

图 5-98　修改文本内容

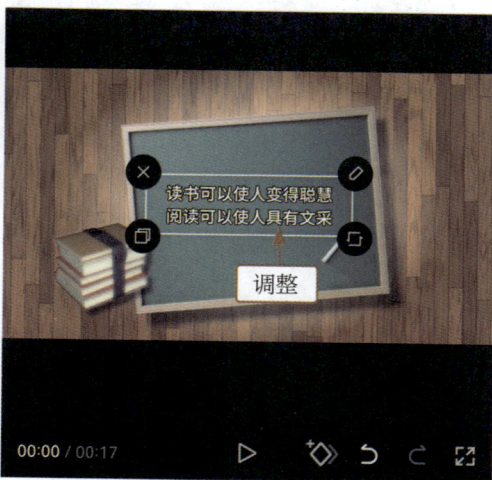

图 5-99　调整文字的位置

07 执行操作后，点击第 1 段素材和第 2 段素材之间的转场按钮 ⎜，如图 5-100 所示。

08 弹出转场效果面板，❶切换至"叠化"选项卡；❷选择"水墨"转场；❸点击"全局应用"按钮，将转场应用于所有片段；❹点击 ✓ 按钮，确认操作，如图 5-101 所示。最后，点击"导出"按钮，即可导出视频。

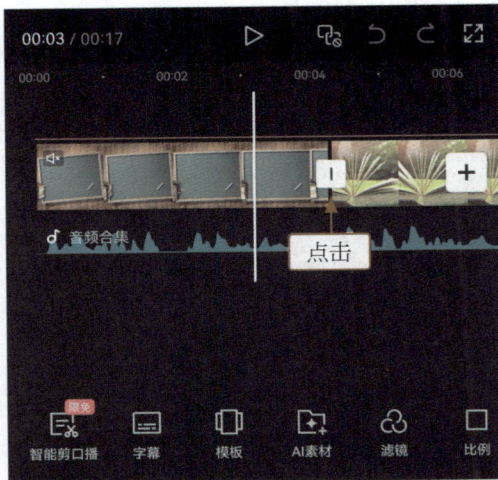

图 5-100 点击转场按钮

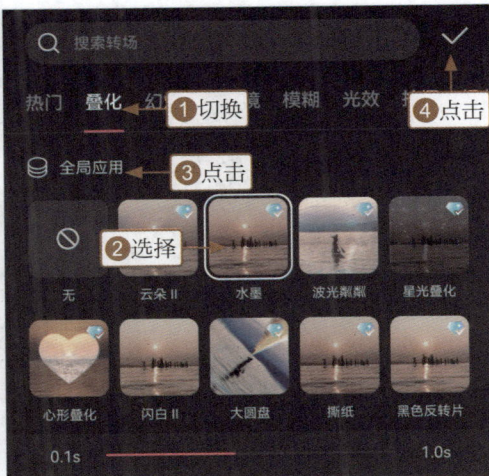

图 5-101 添加转场效果

2. 剪映电脑版

【效果展示】：剪映为素材之间添加转场效果的操作十分简便，只需轻轻一点、简单拖动，就能快速为视频衔接处赋予独特的过渡效果，让视频创作更加高效，效果如图 5-102 所示。

效果展示   视频教学

图 5-102 效果展示

下面介绍在剪映电脑版中添加转场效果的操作方法。

01 进入剪映电脑版首页，单击"图文成片"按钮，进入"图文成片"界面，单击"自由编辑文案"按钮，进入相应界面，❶输入文案；❷单击"生成视频"按钮，如图 5-103 所示。

02 弹出"请选择成片方式"面板，选择"智能匹配素材"中的"匹配高清素材"选项，如图 5-104 所示。

03 稍等片刻，即可生成一段视频，拖曳时间轴至第 1 段素材和第 2 段素材之间的位置，如图 5-105 所示。

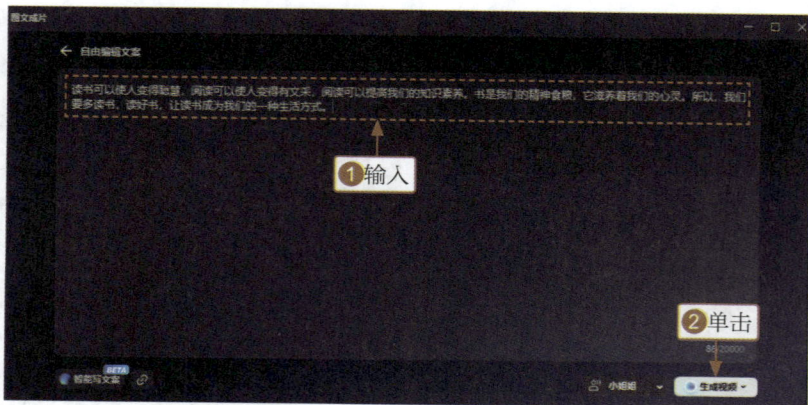

图 5-103　输入文案并生成视频

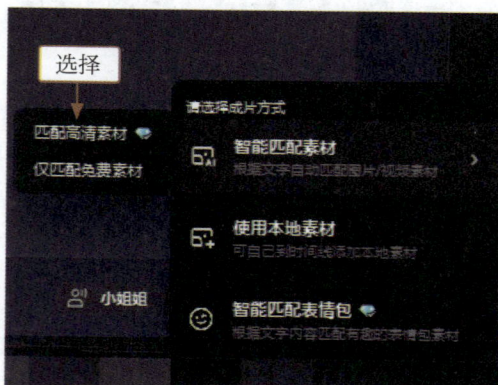

图 5-104　选择"匹配高清素材"选项

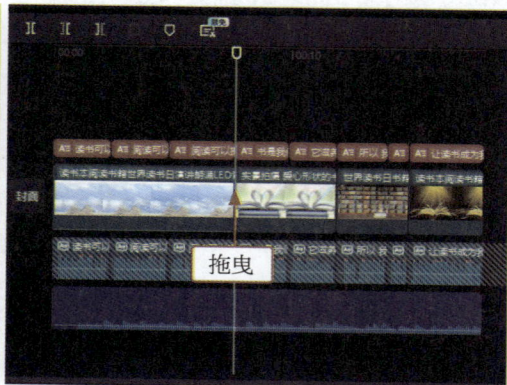

图 5-105　拖曳时间轴的位置

04 ❶单击"转场"按钮，进入"转场"功能区；❷在"叠化"选项卡中单击"撕纸"转场右下角的"添加到轨道"按钮 ，如图 5-106 所示，添加转场效果。

05 在"转场"操作区中，单击"应用全部"按钮，如图 5-107 所示。

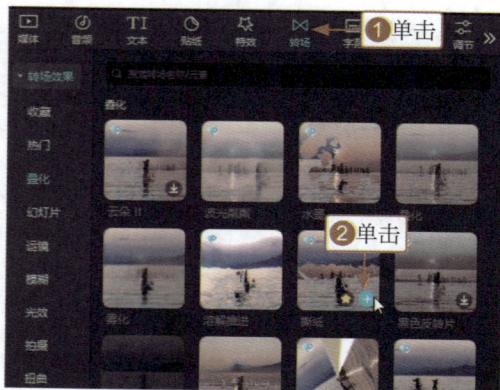

图 5-106　添加转场效果

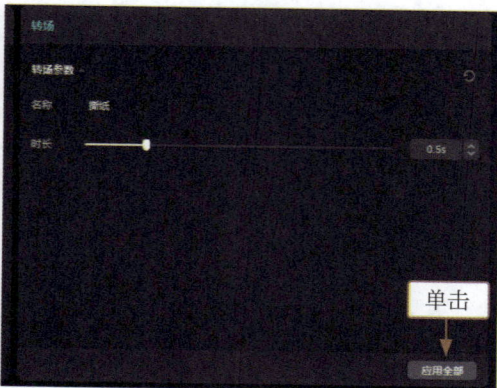

图 5-107　单击"应用全部"按钮

06 执行上述操作后，即可为所有的片段添加转场，选择第 1 段文本，如图 5-108 所示。

07 在"播放器"面板中调整文本的位置，如图 5-109 所示。至此，完成转场效果的制作。

图 5-108　选择第 1 段文本

图 5-109　调整文本的位置

第 6 章

AI 玩法

　　在剪映中，包含了许多有趣的 AI 玩法，如 AI 配旁白、图片玩法、AI 特效和 AI 克隆音色等工具，这些功能极大地提高了视频创作的效率和趣味性，降低了制作门槛，能够让用户轻松玩转短视频。本章将为大家详细介绍多种 AI 玩法。

6.1　AI 配音

　　剪映中的"AI 配旁白"功能和"AI 故事成片"功能，能够根据用户输入的主题文字智能生成视频，并自动为视频配音。这两个功能大大简化了视频配音的流程，尤其是对于科普类和故事类配音的制作。本节将为大家介绍这两种功能的使用方法。

6.1.1　使用AI配旁白

　　【效果展示】："AI 配旁白"功能提供了多种音色和语速选择，帮助用户将文本转换成自然流畅的语音，使视频的内容更加生动有趣，效果如图 6-1 所示。

效果展示　　　视频教学

图 6-1　效果展示

　　下面介绍在剪映手机版中使用"AI 配旁白"功能的操作方法。

01　打开剪映手机版，进入"剪辑"界面，点击"AI 配旁白"按钮，如图 6-2 所示。

02　进入"AI 配旁白"界面，点击"上传素材"按钮，如图 6-3 所示。

03　进入"照片视频"界面，❶依次选择两段视频素材；❷点击"下一步"按钮，如图 6-4 所示。

04　弹出相应面板，❶输入视频的主题为"公园散步，自由惬意"；❷点击"生成视频"按钮，如图 6-5 所示。

05　稍等片刻，即可生成一段有旁白的视频，为了更换声音，点击"换音色"按钮，如图 6-6 所示。

06　在弹出的音色面板中，❶选择"温柔姐姐"选项；❷点击✔按钮，如图 6-7 所示，完成音色的更改。

图 6-2　点击"AI 配旁白"按钮

图 6-3　点击"上传素材"按钮

图 6-4　选择视频素材

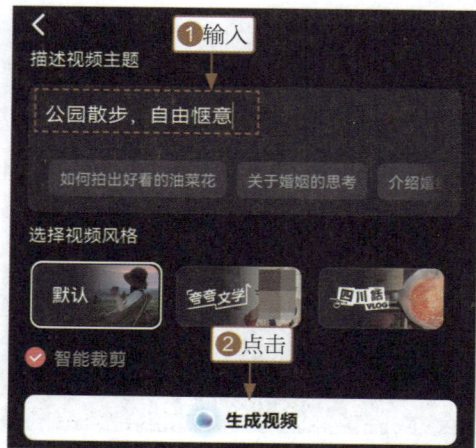

图 6-5　输入主题生成视频

图 6-6　点击"换音色"按钮

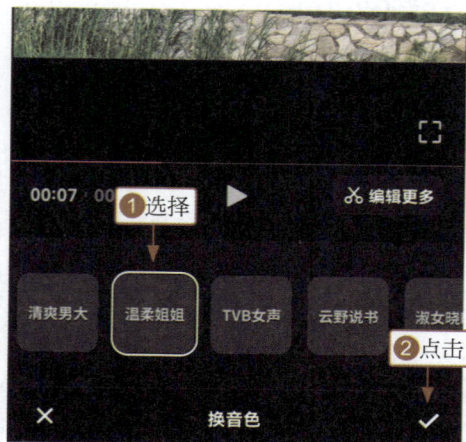

图 6-7　选择音色

07　执行上述操作后，点击"导出"按钮，如图 6-8 所示。

08　在弹出的"导出设置"面板中，点击▣按钮，如图 6-9 所示，将视频导出至本地相册。

图 6-8　点击"导出"按钮　　　　　　　　　　　图 6-9　导出视频

6.1.2　使用AI故事成片

【效果展示】："AI 故事成片"功能能够根据用户输入的主题和话题文字智能生成视频文案，自动匹配视频素材，还可以自动配音、配乐和配字幕，并生成完整的视频，效果如图 6-10 所示。

效果展示　　　视频教学

图 6-10　效果展示

下面介绍在剪映手机版中使用"AI 故事成片"功能的操作方法。

01　打开剪映手机版，进入"剪辑"界面，点击"展开"按钮，在展开的功能面板中点击"AI 故事成片"按钮，如图 6-11 所示。

02　进入"AI 故事成片"界面，点击"AI 生成"按钮，如图 6-12 所示。

图 6-11 点击"AI 故事成片"按钮

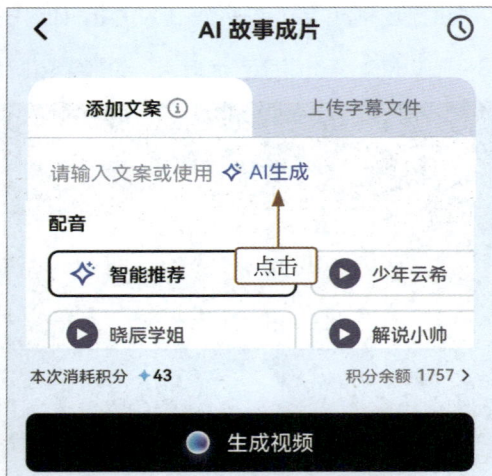

图 6-12 点击"AI 生成"按钮

03 弹出相应界面，❶在文本框中输入主题及核心要点；❷点击"生成文案"按钮，如图 6-13 所示。

04 稍等片刻，即可生成一段文案，点击"使用"按钮，如图 6-14 所示。

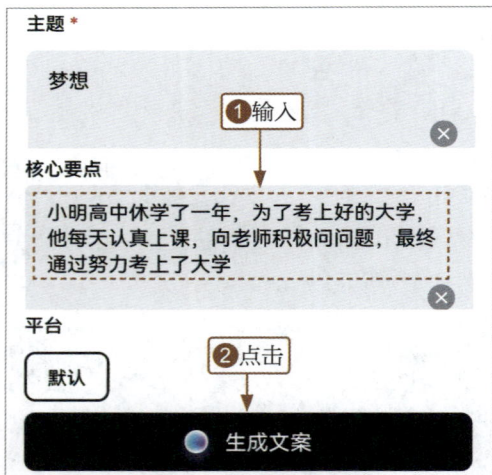

图 6-13 输入并生成文案

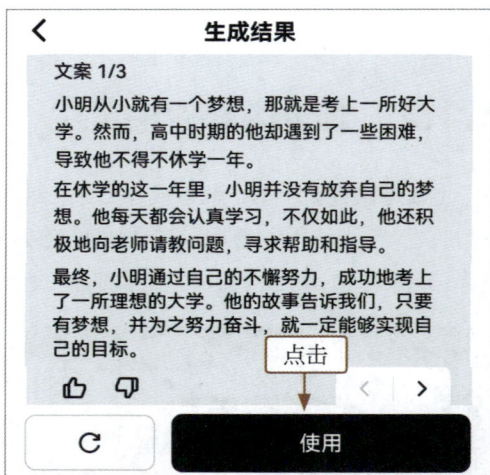

图 6-14 使用文案

05 执行上述操作后，文案会自动添加至文本框中，效果如图 6-15 所示。

06 ❶在"画面风格"选项区中，选择"写实电影"选项，调整画面风格；❷在"配音"选项区中，设置"语速"为 1.2x，如图 6-16 所示，控制语速。

07 ❶在"视频比例"选项区中，选择 16:9 选项；❷点击"生成视频"按钮，如图 6-17 所示。

08 稍等片刻，即可生成一段视频，点击"导出"按钮，如图 6-18 所示，导出视频。

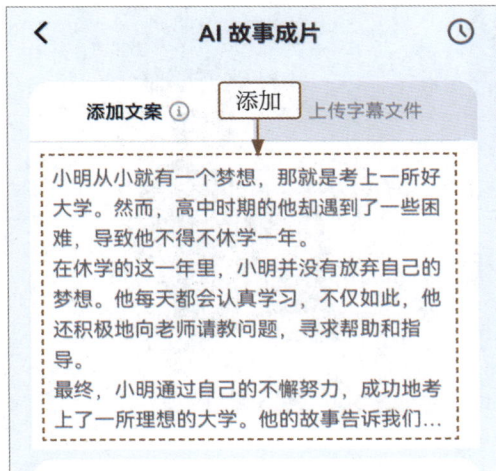

图 6-15　文案自动添加至文本框中

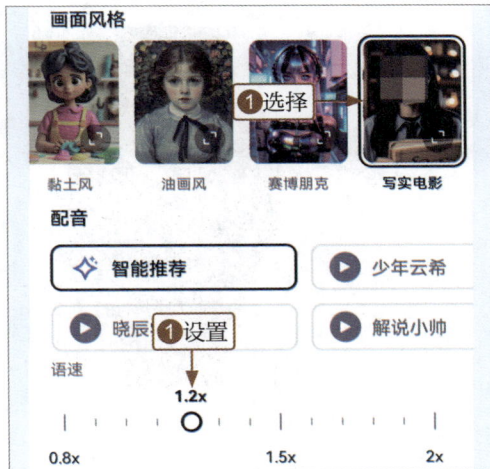

图 6-16　设置画面风格和配音语速

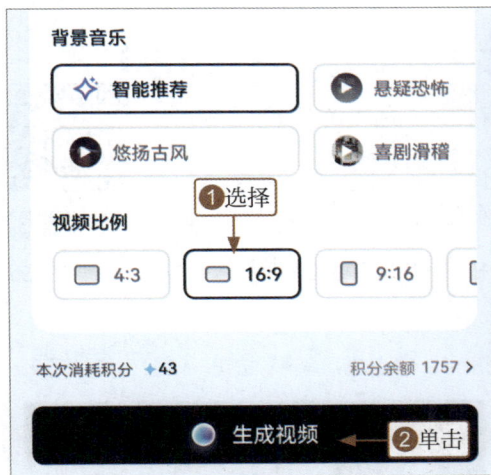

图 6-17　设置并生成视频

图 6-18　点击"导出"按钮

6.2　AI 商品图

在制作商品宣传视频时,有特色的商品图封面可以为视频和商品带来更多的曝光和关注度。本节将为大家介绍如何在剪映中通过 AI 生成商品图封面。

【效果对比】："AI 商品图"功能支持用户便捷制作商品图。制作时,用户仅需选定心仪样式,灵活调整商品大小,再添加相应文字,即可轻松完成,原图与效果对比如图 6-19 所示。

图 6-19　原图与效果对比

6.2.1　添加商品图

运用"AI 商品图"功能，用户只需导入产品图片，选择模板背景，即可一键生成多张商品图。"AI 商品图"功能目前仅支持剪映手机版。

下面介绍剪映手机版中添加商品图素材的操作方法。

视频教学

01 进入剪映手机版的"剪辑"界面，点击"展开"按钮，在展开功能面板中点击"AI 商品图"按钮，如图 6-20 所示。

02 进入"照片视频"界面，❶选择一张原始商品图素材；❷点击"编辑"按钮，如图 6-21 所示。

图 6-20　点击"AI 商品图"按钮

图 6-21　选择素材并编辑

03 稍等片刻，系统会自动完成智能抠图，如图 6-22 所示。

04 进入"AI 商品图"界面，如图 6-23 所示。

图 6-22　自动完成智能抠图

图 6-23　进入"AI 商品图"界面

专家提醒

　　用户在剪映中制作商品图时，最好选择背景简洁的商品图片，这样抠取画面的边缘会更加清晰。此外，应尽量选择清晰度高的商品照片，并且确保所使用的图片素材不侵犯他人版权。

6.2.2　选择商品图样式

视频教学

　　剪映中的 AI 商品图样式非常丰富，用户可以根据商品类型，选择商品图的样式。下面介绍在剪映手机版中选择商品图样式的操作方法。

01 在"AI 商品图"界面中，❶切换至"专业棚拍"选项卡；❷选择"浪漫光影"背景，即可生成相应的背景，如图 6-24 所示。

02 点击商品，进入"商品调整"界面，❶双指缩小产品，长按拖动至画面的右侧，调整产品的大小和位置；❷点击☑按钮，如图 6-25 所示，系统会生成新的商品图背景。

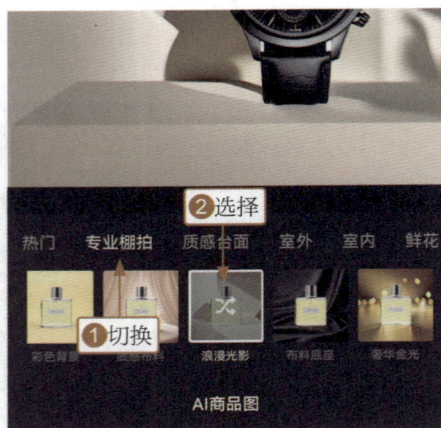

图 6-24　选择"浪漫光影"背景

图 6-25　调整产品

6.2.3　设置尺寸和添加文案

　　用户可以根据不同场景的需求来更改商品图的尺寸。同时，为了宣传产品，也需要在图片上添加产品的文案，进行宣传。

　　下面介绍剪映手机版中设置尺寸和添加宣传文案的操作方法。

视频教学

01 在上一例的基础上，点击"去编辑"按钮，进入图片编辑界面，为了改变图片的尺寸，点击"尺寸"按钮，如图 6-26 所示。

02 在"自定义尺寸"面板中，❶选中"竖版海报（3:4）"单选按钮；❷点击"创建"按钮，如图 6-27 所示，更改尺寸。

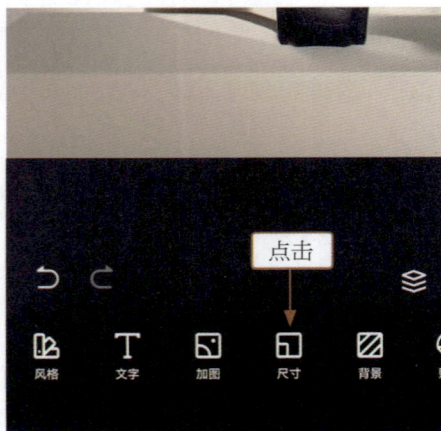

图 6-26　点击"尺寸"按钮

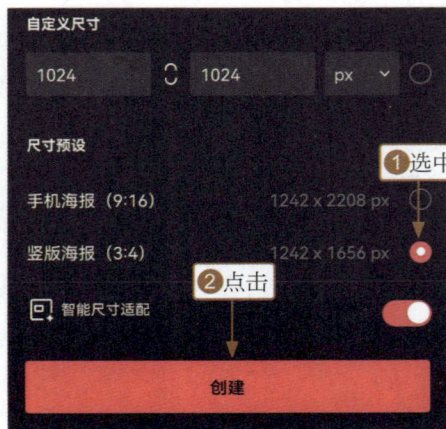

图 6-27　创建竖版海报

03 点击"文字"按钮，如图 6-28 所示，为产品添加文案。

04 ❶输入产品文案；❷在"描边"选项卡中选择一款合适的颜色，如图 6-29 所示，使其与画面色调保持一致。

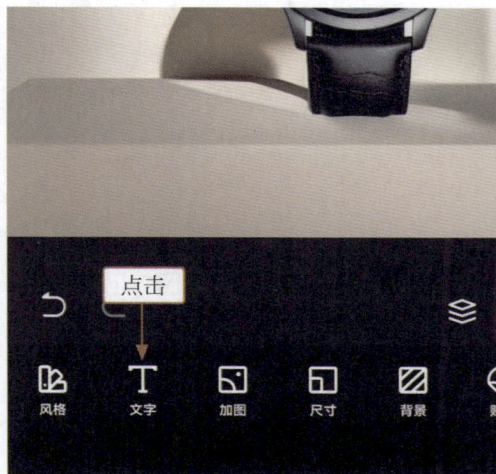

图 6-28　点击"文字"按钮

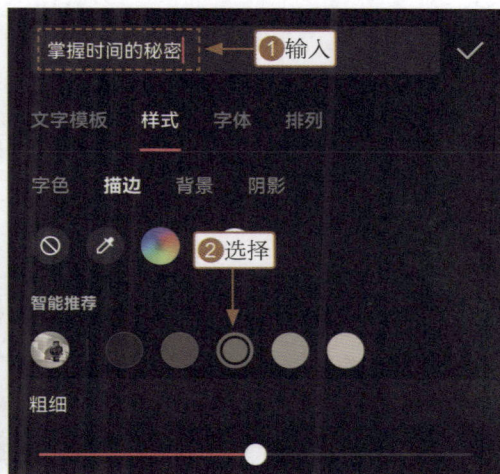

图 6-29　输入文案并选择颜色

05 ❶切换至"排列"选项卡；❷设置"大小"参数为 26、"字间距"参数为 6、"行间距"参数为 8，调整文字的大小和间距；❸选择竖版排列▐▌▌；❹点击✔按钮，如图 6-30 所示。

06 ❶在预览窗口中调整文字的大小和位置；❷点击"导出"按钮，如图 6-31 所示，导出商品图。

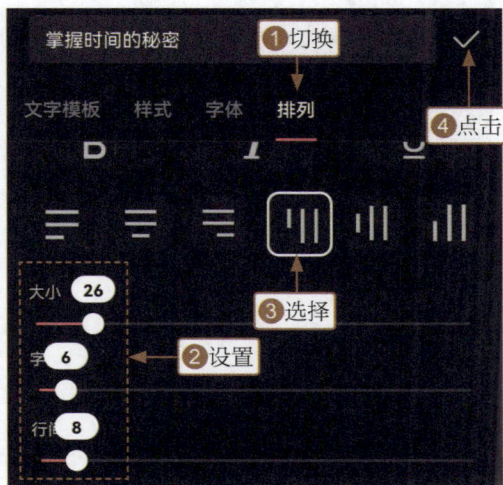

图 6-30　设置文字参数

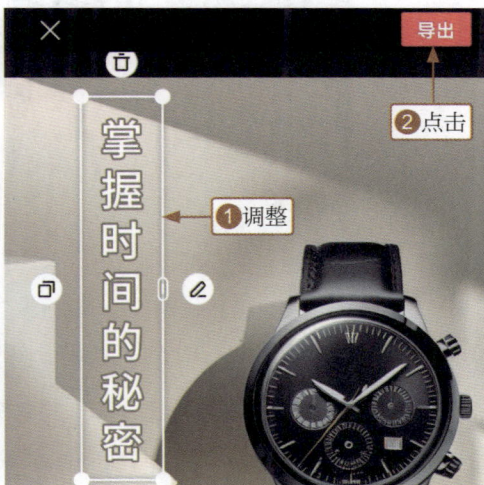

图 6-31　调整文字并导出图片

6.3　图片玩法

　　剪映目前更新的"图片玩法"功能，可以实现以图生图、以图生视频，为视频创作提供了更多创意玩法。本节将为大家介绍相应的操作方法。

6.3.1　生成AI写真照片

效果展示　　视频教学

　　【效果对比】：剪映的"AI 写真"功能具备多种写真照片风格，涵盖复古、清新、时尚等不同类型。用户能够根据自身对图片风格的喜好进行选择，随后系统便会自动生成对应风格的写真照片，原图与效果对比如图 6-32 所示。

图 6-32　原图与效果对比

　　下面介绍在剪映手机版中生成 AI 写真照片的操作方法。

01　在剪映手机版中导入图片素材，点击"特效"按钮，如图 6-33 所示。

02　在弹出的二级工具栏中，点击"图片玩法"按钮，如图 6-34 所示。

03　弹出"图片玩法"面板，❶切换至"AI 写真"选项卡；❷选择"老钱风"选项，如图 6-35 所示，稍等片刻，即可生成 AI 写真图片效果。

04　为了添加背景音乐，在界面下方的一级工具栏中，点击"音频"按钮，如图 6-36 所示。

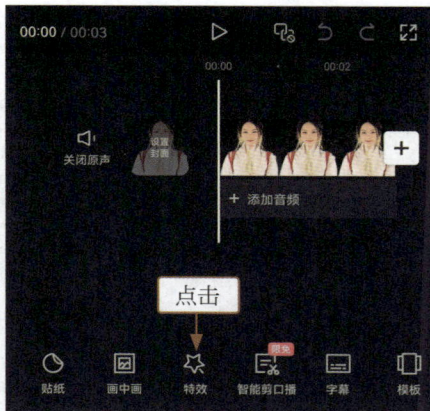

图 6-33 点击"特效"按钮

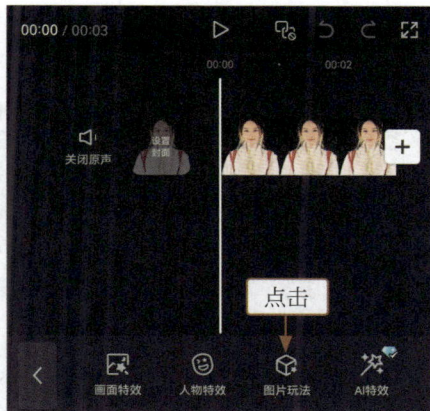

图 6-34 点击"图片玩法"按钮

图 6-35 选择"老钱风"选项

图 6-36 点击"音频"按钮

05 在弹出的二级工具栏中，点击"提取音乐"按钮，如图 6-37 所示。

06 进入"照片视频"界面，❶选择视频素材；❷点击"仅导入视频的声音"按钮，如图 6-38 所示。

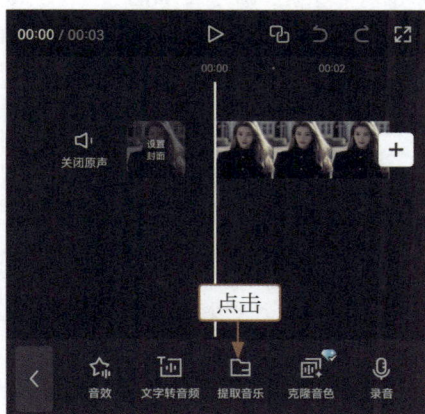

图 6-37 点击"提取音乐"按钮

图 6-38 选择视频素材并导入声音

07　稍等片刻，即可成功提取音乐，效果如图 6-39 所示。

08　点击"导出"按钮，如图 6-40 所示，导出视频。

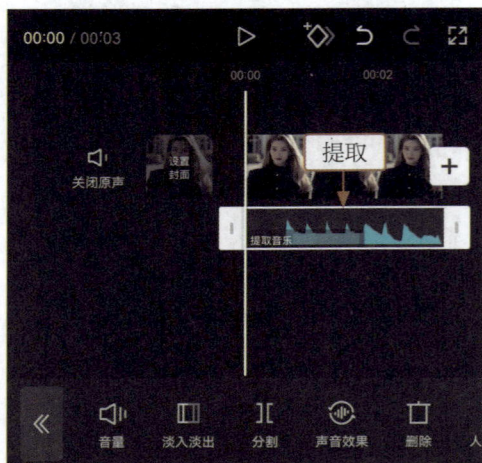

图 6-39　成功提取音乐　　　　　　　　图 6-40　点击"导出"按钮

6.3.2　使用AI绘制漫画

【效果对比】：剪映中的 AI 绘画功能具备强大的图像转换能力，能够精准捕捉现实人物图片的特征，并将其巧妙转化为极具艺术感的二次元漫画风格，原图与效果对比如图 6-41 所示。

效果展示　　　视频教学

图 6-41　原图与效果对比

下面介绍在剪映手机版中使用 AI 绘制漫画的操作方法。

01 在剪映手机版中导入一张图片素材，点击界面下方的"特效"按钮，如图 6-42 所示。

02 在弹出的特效面板中，点击"图片玩法"按钮，如图 6-43 所示。

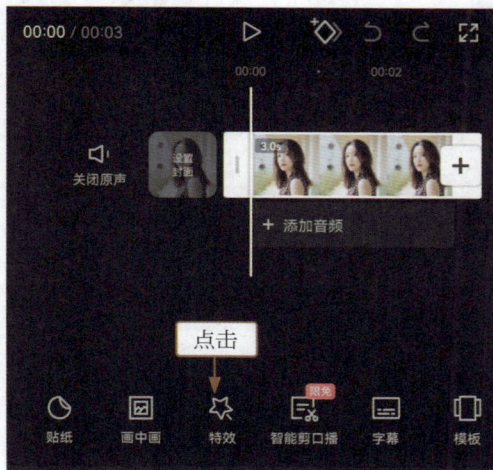

图 6-42　点击"特效"按钮

图 6-43　点击"图片玩法"按钮

03 弹出"图片玩法"面板，❶切换至"AI 绘画"选项卡；❷选择"精灵"选项，如图 6-44 所示，稍等片刻，即可绘制漫画。

04 为了添加背景音乐，在界面下方的一级工具栏中，点击"音频"按钮，如图 6-45 所示。

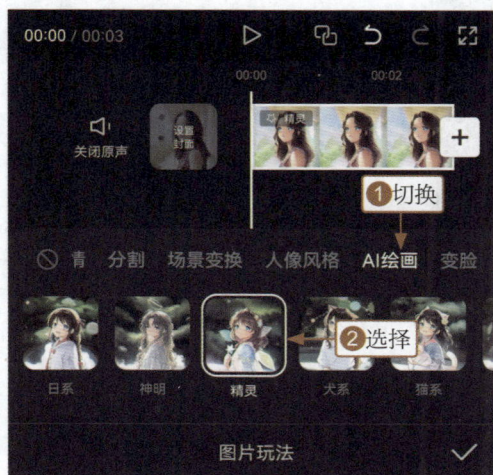

图 6-44　选择"精灵"选项

图 6-45　点击"音频"按钮

05 在弹出的二级工具栏中，点击"提取音乐"按钮，如图 6-46 所示。

06 进入"照片视频"界面，❶选择视频素材；❷点击"仅导入视频的声音"按钮，如图 6-47 所示。

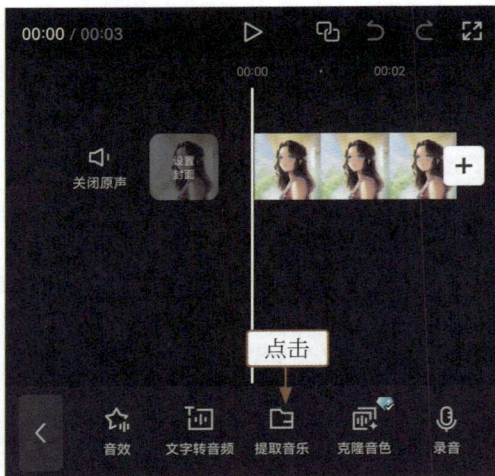

图 6-46　点击"提取音乐"按钮　　　　　　图 6-47　选择视频素材并导入声音

07　稍等片刻，即可成功提取音乐，效果如图 6-48 所示。

08　操作完成后，点击"导出"按钮，如图 6-49 所示，导出视频。

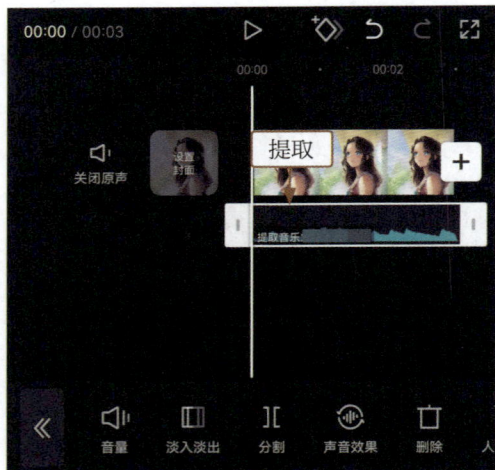

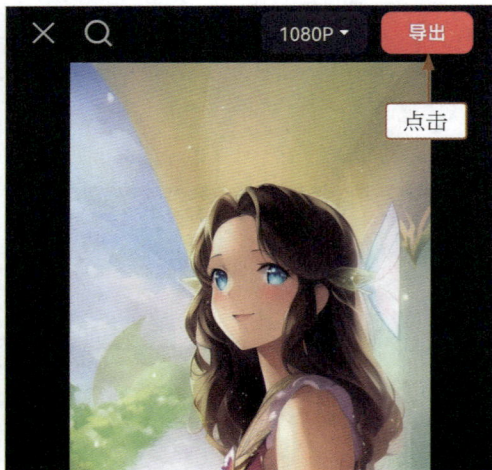

图 6-48　成功提取音乐　　　　　　图 6-49　点击"导出"按钮

6.3.3　制作摇摆运镜效果

　　【效果展示】：摇摆运镜效果可以让图片中的人物呈现晃动状态，增加画面的动感，这种效果在搞笑视频中是比较常见的，效果如图 6-50 所示。

效果展示　　　视频教学

图 6-50　效果展示

下面介绍在剪映手机版中制作摇摆运镜动态效果的操作方法。

01 在剪映手机版导入一张图片素材，依次点击"特效"按钮和"图片玩法"按钮，如图 6-51 所示。

02 弹出"图片玩法"面板，❶切换至"运镜"选项卡；❷选择"摇摆运镜"选项，如图 6-52 所示，稍等片刻，即可生成相应的视频效果。

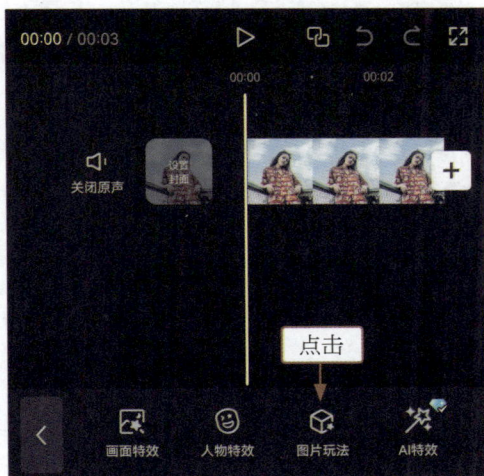

图 6-51　点击"图片玩法"按钮

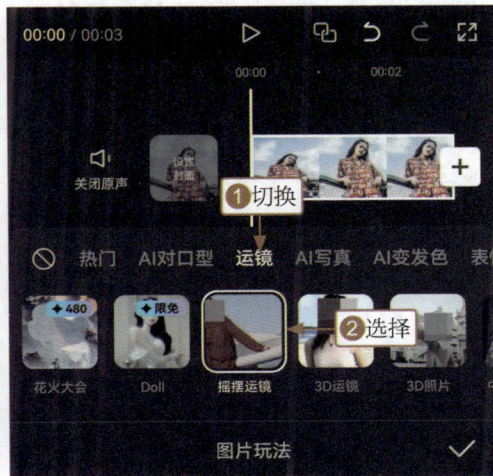

图 6-52　选择"摇摆运镜"选项

03 为了添加背景音乐，在界面下方的一级工具栏中，点击"音频"按钮，如图 6-53 所示。

04 在弹出的二级工具栏中，点击"提取音乐"按钮，如图 6-54 所示。

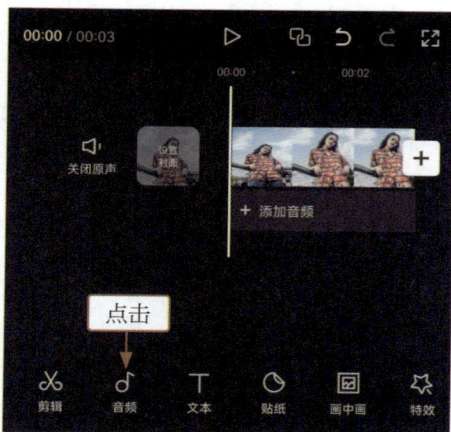

图 6-53　点击"音频"按钮

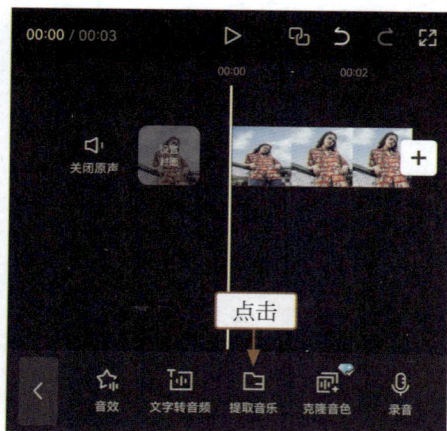

图 6-54　点击"提取音乐"按钮

05 进入"照片视频"界面，❶选择视频素材；❷点击"仅导入视频的声音"按钮，如图 6-55 所示，即可提取背景音乐。

06 点击"导出"按钮，如图 6-56 所示，导出视频。

图 6-55　选择视频素材并导入声音

图 6-56　点击"导出"按钮

6.3.4　制作3D照片效果

【效果展示】：3D 照片效果借助图像处理技术，将人物从原始画面中抠取出来，通过控制人物在三维空间中的尺度变化，实现放大或缩小的运动效果，从而营造出强烈的空间层次感，赋予画面显著的立体感和现场感。效果如图 6-57 所示。

效果展示

视频教学

图 6-57　效果展示

下面介绍在剪映手机版中制作 3D 照片效果的操作方法。

01 在剪映手机版导入一张图片素材，依次点击"特效"按钮和"图片玩法"按钮，如图 6-58 所示。

02 弹出"图片玩法"面板，❶切换至"运镜"选项卡；❷选择"3D 照片"选项，如图 6-59 所示，稍等片刻，即可生成相应的视频效果。

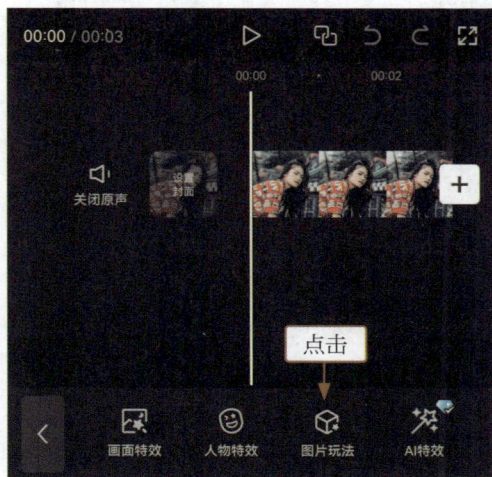
图 6-58　点击"图片玩法"按钮

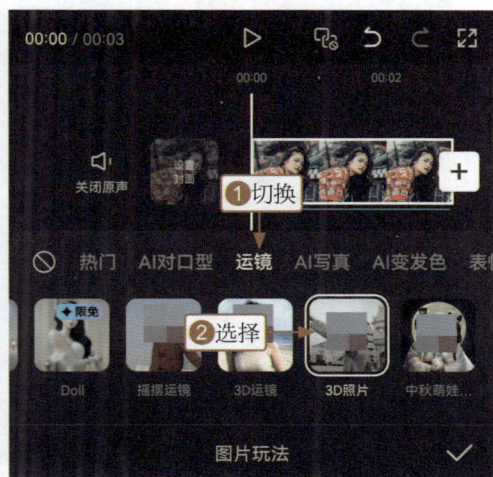
图 6-59　选择"3D 照片"选项

03 为了添加背景音乐，在界面下方的一级工具栏中，点击"音频"按钮，如图 6-60 所示。

04 在弹出的二级工具栏中，点击"提取音乐"按钮，如图 6-61 所示。

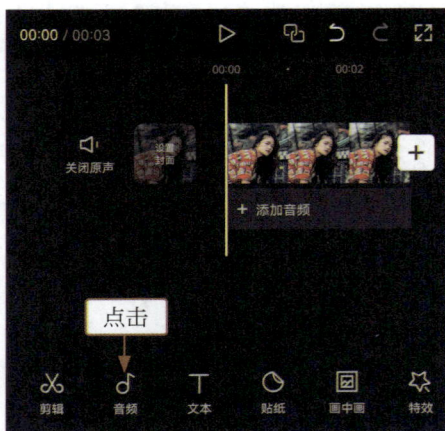

图 6-60　点击"音频"按钮

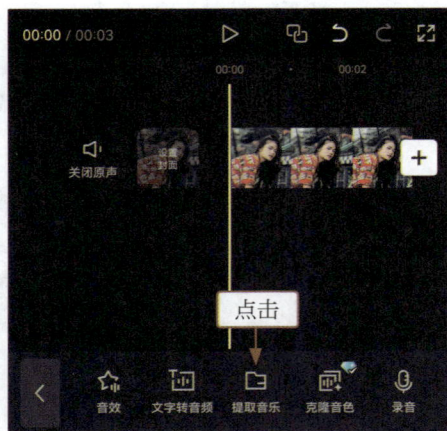

图 6-61　点击"提取音乐"按钮

05 进入"照片视频"界面，❶选择视频素材；❷点击"仅导入视频的声音"按钮，如图 6-62 所示，即可提取背景音乐。

06 点击"导出"按钮，如图 6-63 所示，导出视频。

图 6-62　选择视频素材并导入声音

图 6-63　点击"导出"按钮

6.4　AI 特效

"AI 特效"功能划分为"灵感"与"自定义"两大板块，这两个板块内囊括了丰富多样的风格模板。用户只需一键套用这些模板，即可轻松达成以图生图的效果。本节将为大家详细介绍模型的使用技巧。

6.4.1 热门模型

【**效果对比**】：热门模型一般指的是在短视频平台上较为火爆、广受欢迎的视频所套用的模板。借助这类模板，用户能够一键复制生成热门的视频，原图与效果对比如图 6-64 所示。

效果展示　　**视频教学**

图 6-64　原图与效果对比

下面介绍在剪映手机版中使用热门模型进行 AI 创作的操作方法。

01　在剪映手机版中导入图片素材，点击"特效"按钮，如图 6-65 所示。

02　在弹出的二级工具栏中，点击"AI 特效"按钮，如图 6-66 所示。

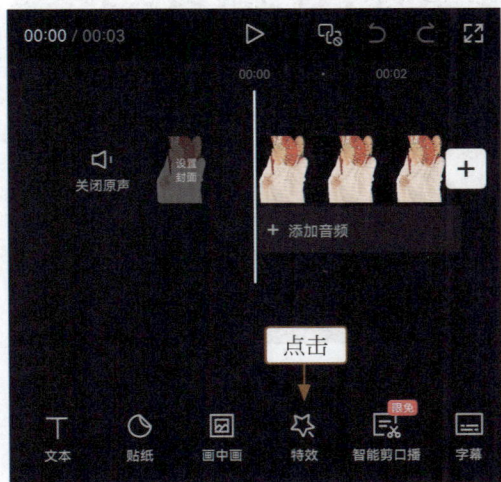

图 6-65　点击"特效"按钮

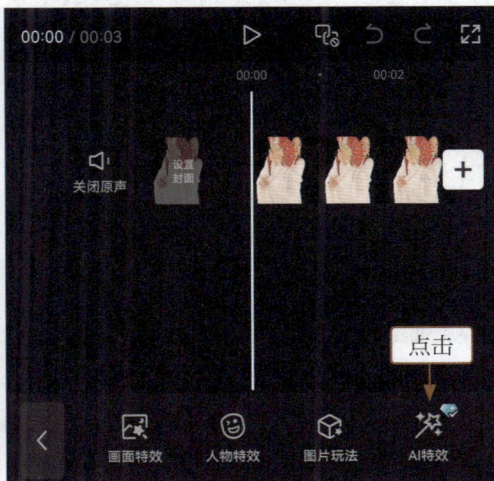

图 6-66　点击"AI 特效"按钮

03 进入"灵感"界面，❶在"热门"选项卡中，选择一个合适的模板；❷点击"生成"按钮，如图 6-67 所示。

04 在弹出的"效果预览"面板中，❶选择第 4 个选项；❷点击"应用"按钮，如图 6-68 所示，生成相应的图像。

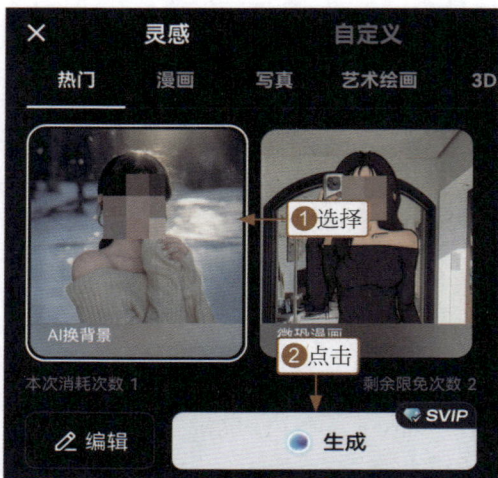

图 6-67　选择模板　　　　　　　　　　图 6-68　选择并应用模板效果

05 为了添加背景音乐，在界面下方的一级工具栏中，点击"音频"按钮，如图 6-69 所示。

06 在弹出的二级工具栏中，点击"提取音乐"按钮，如图 6-70 所示。

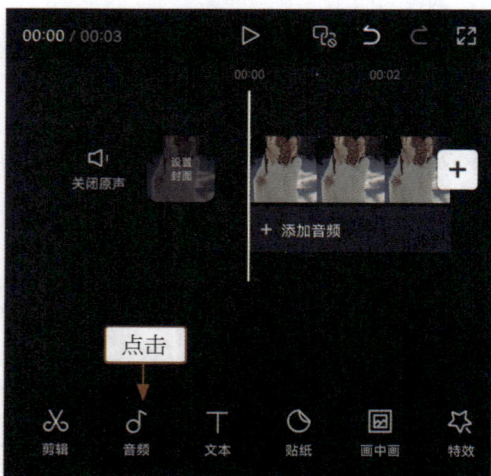

图 6-69　点击"音频"按钮　　　　　　图 6-70　点击"提取音乐"按钮

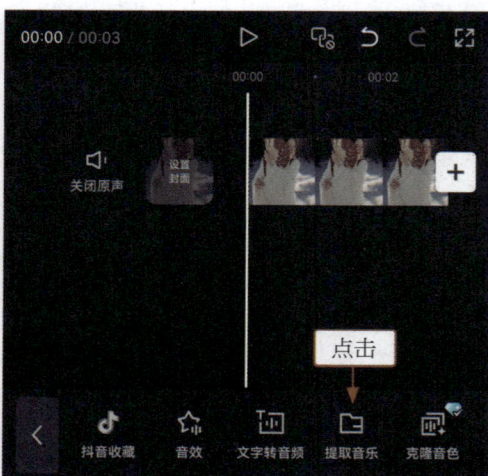

07 进入"照片视频"界面，❶选择视频素材；❷点击"仅导入视频的声音"按钮，如图 6-71 所示，提取背景音乐。

08 点击"导出"按钮，如图 6-72 所示，导出视频。

图 6-71 选择视频素材并导入声音

图 6-72 点击"导出"按钮

6.4.2 写真模型

【效果对比】：使用写真模型所生成的图片，大多呈现出摄影写实的风格特点。借助该模型，用户能够轻松实现一键替换图片中人物的服饰与妆造，进而快速生成一张具有专业质感的写真照片，原图与效果对比如图 6-73 所示。

效果展示   视频教学

图 6-73 原图与效果对比

下面介绍在剪映手机版中使用写真模型进行 AI 创作的操作方法。

01 在剪映手机版中导入图片素材，点击"特效"按钮，如图 6-74 所示。

02 在弹出的二级工具栏中，点击"AI 特效"按钮，如图 6-75 所示。

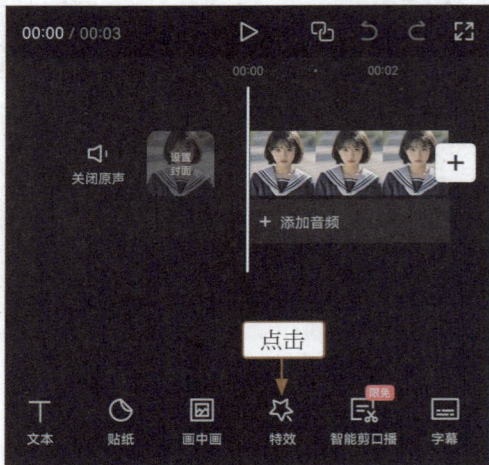

图 6-74　点击"特效"按钮　　　　　图 6-75　点击"AI 特效"按钮

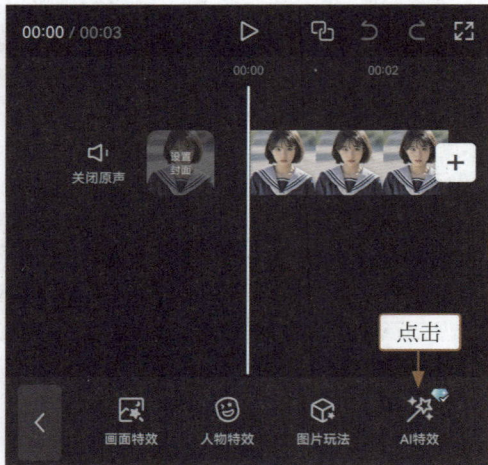

03 进入"灵感"界面，❶切换至"写真"选项卡；❷选择一个合适的模板；❸点击"生成"按钮，如图 6-76 所示。

04 在弹出的"效果预览"面板中，❶选择第 3 个选项；❷点击"应用"按钮，如图 6-77 所示，生成相应的图像。

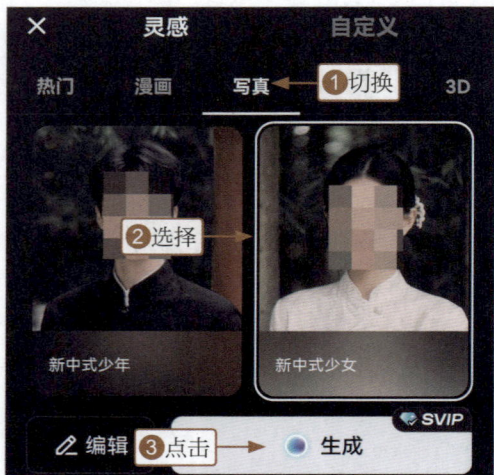

图 6-76　选择模板　　　　　图 6-77　选择并应用模板效果

05 为了添加背景音乐，在界面下方的一级工具栏中，点击"音频"按钮，如图 6-78 所示。

06 在弹出的二级工具栏中，点击"提取音乐"按钮，如图 6-79 所示。

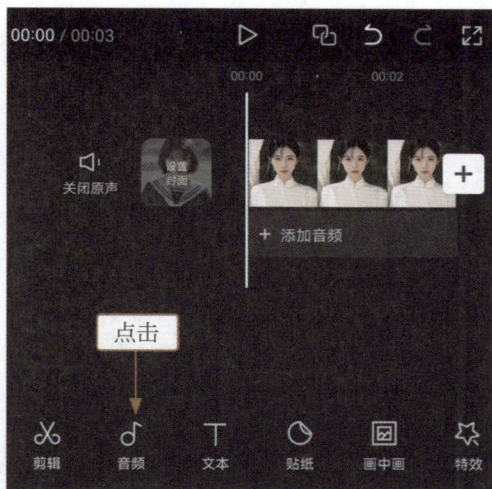

图 6-78　点击"音频"按钮

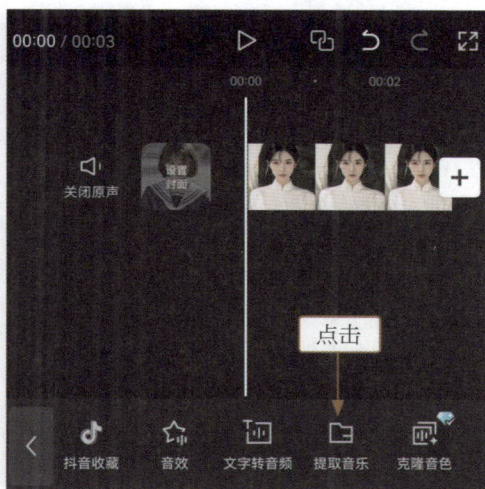

图 6-79　点击"提取音乐"按钮

07　进入"照片视频"界面，❶选择视频素材；❷点击"仅导入视频的声音"按钮，如图 6-80 所示，提取背景音乐。

08　操作完成后，在界面右上方点击"导出"按钮，如图 6-81 所示，即可导出视频。

图 6-80　选择视频素材并导入声音

图 6-81　点击"导出"按钮

6.4.3　使用3D模型

【**效果对比**】：3D 模型通过对空间中的主体和场景的构建，可以产生立体的画面效果，为视频带来了立体感和深度感，原图

效果展示　　　视频教学

与效果对比如图 6-82 所示。

图 6-82　原图与效果对比

下面介绍在剪映手机版中使用 3D 模型进行 AI 创作的操作方法。

01　在剪映手机版中导入图片素材，在界面下方的一级工具栏中，点击"特效"按钮，如图 6-83 所示。

02　在弹出的二级工具栏中，点击"AI 特效"按钮，如图 6-84 所示。

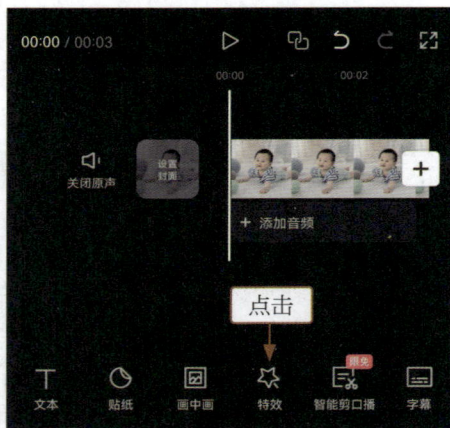

图 6-83　点击"特效"按钮　　　　　　　　图 6-84　点击"AI 特效"按钮

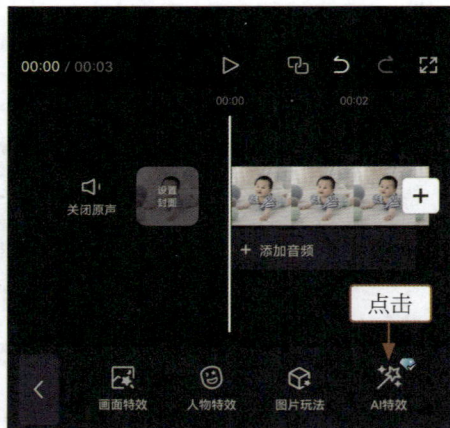

03　进入"灵感"界面，❶切换至 3D 选项卡；❷选择一个合适的模板；❸点击"生成"按钮，如图 6-85 所示。

04　在弹出的"效果预览"面板中，❶选择第 1 个选项；❷点击"应用"按钮，如图 6-86 所示，生成相应的图像。

05　为了添加背景音乐，在界面下方的一级工具栏中，点击"音频"按钮，如图 6-87 所示。

06　在弹出的二级工具栏中，点击"提取音乐"按钮，如图 6-88 所示。

07　进入"照片视频"界面，❶选择视频素材；❷点击"仅导入视频的声音"按钮，如图 6-89 所示，提取背景音乐。

08　点击"导出"按钮，如图 6-90 所示，导出视频。

图 6-85　选择模板

图 6-86　选择并应用模板效果

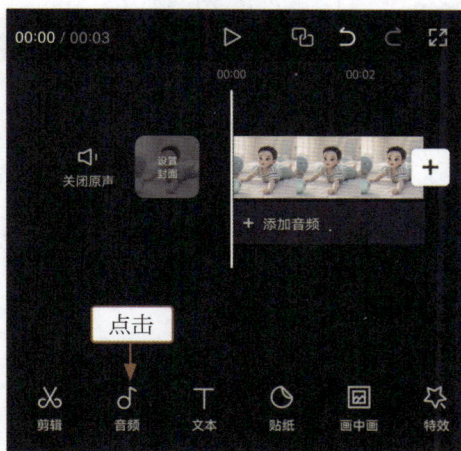

图 6-87　点击"音频"按钮

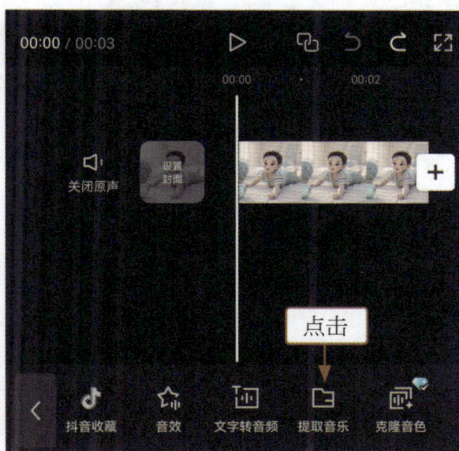

图 6-88　点击"提取音乐"按钮

图 6-89　选择视频素材并导入声音

图 6-90　点击"导出"按钮

6.4.4　使用自定义模型

【效果对比】：剪映的"自定义"界面提供了多种不同风格的模型，支持用户输入相关的描述词，如对于发型、服装的描述，让生成的视频效果更加符合需求，原图与效果对比如图 6-91 所示。

效果展示

图 6-91　原图与效果对比

1. 剪映手机版

视频教学

下面介绍在剪映手机版中使用自定义模型进行 AI 创作的操作方法。

01　在剪映手机版中导入图片素材，在界面下方的一级工具栏中，点击"特效"按钮，如图 6-92 所示。

02　在弹出的二级工具栏中，点击"AI 特效"按钮，如图 6-93 所示。

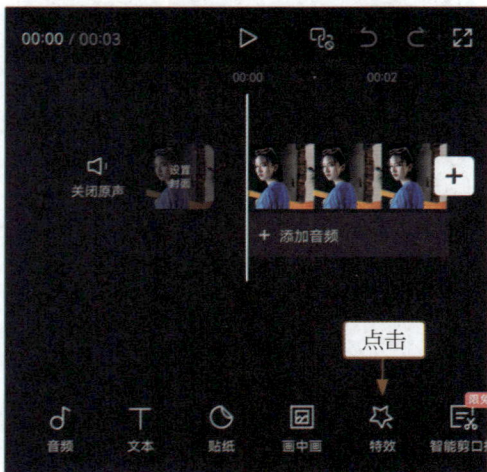

图 6-92　点击"特效"按钮

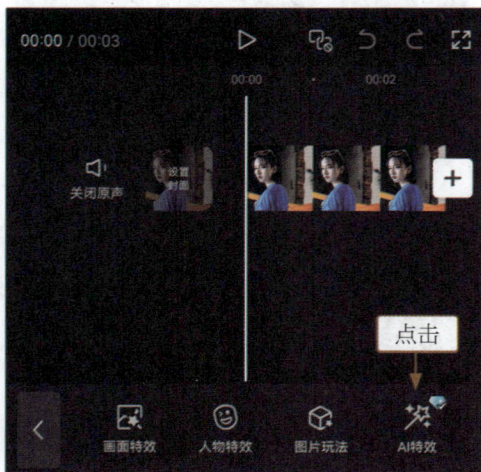

图 6-93　点击"AI 特效"按钮

03 进入"灵感"界面，❶切换至"自定义"选项卡；❷选择"轻厚涂"模型；❸输入相应的描述词；❹点击"生成"按钮，如图 6-94 所示。

04 在弹出的"效果预览"面板中，❶选择第 3 个选项；❷点击"应用"按钮，如图 6-95 所示，生成朋克少女图像。

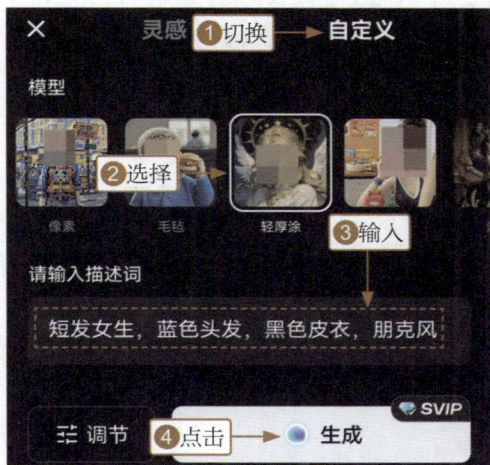

图 6-94　自定义图片风格

图 6-95　选择并应用模板效果

05 为了添加背景音乐，在界面下方的一级工具栏中，点击"音频"按钮，如图 6-96 所示。

06 在弹出的二级工具栏中，点击"提取音乐"按钮，如图 6-97 所示。

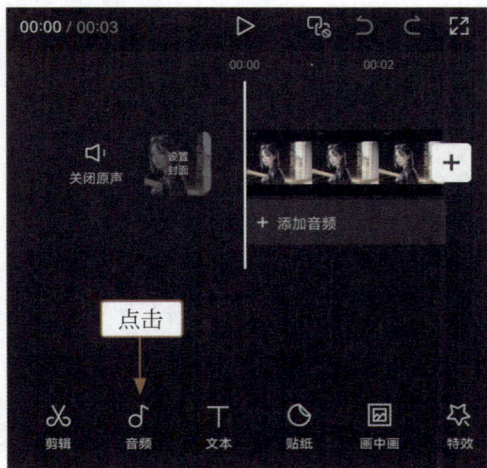

图 6-96　点击"音频"按钮

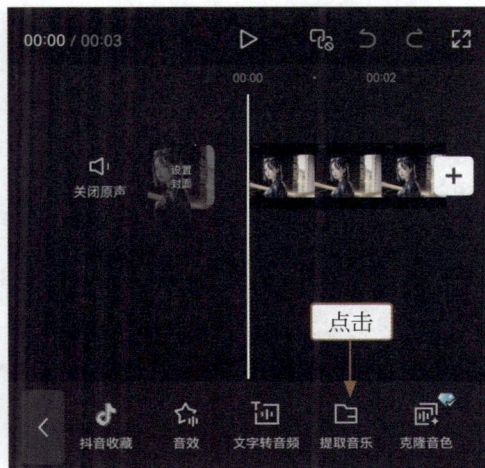

图 6-97　点击"提取音乐"按钮

07 进入"照片视频"界面，❶选择视频素材；❷点击"仅导入视频的声音"按钮，如图 6-98 所示，即可提取背景音乐。

08 点击"导出"按钮，如图 6-99 所示，导出视频。

图 6-98　选择视频素材并导入声音

图 6-99　点击"导出"按钮

2．剪映电脑版

下面介绍在剪映电脑版中使用自定义模型进行 AI 创作的操作方法。

01 在剪映电脑版的"媒体"功能区中，导入图片素材，单击素材右下角的"添加到轨道"按钮，如图 6-100 所示。

视频教学

02 执行上述操作后，即可将图片素材添加到视频轨道中，如图 6-101 所示。

图 6-100　单击"添加到轨道"按钮

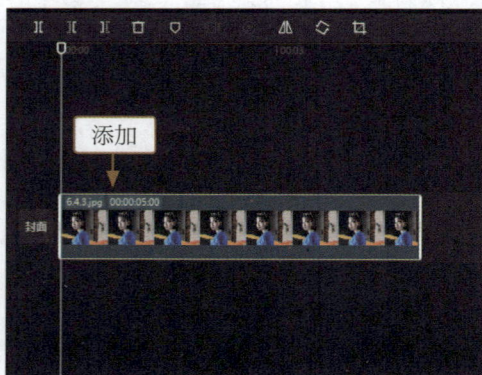

图 6-101　将素材添加到视频轨道中

03 在右上方的操作区中，❶单击"AI 效果"按钮，进入"AI 效果"操作区；❷选中"AI 特效"复选框，即可启用"AI 特效"功能，如图 6-102 所示。

04 ❶在文本框中输入相应的描述词；❷单击"生成"按钮，如图 6-103 所示，即可开始生成特效。

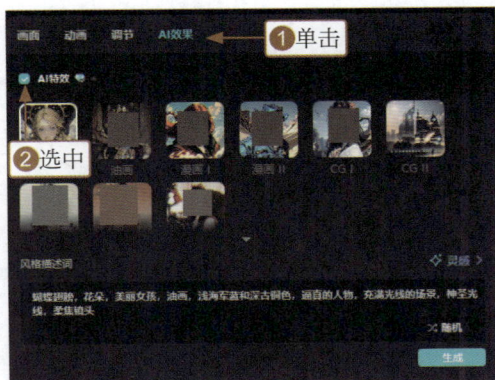

图 6-102　启动 "AI 特效" 功能

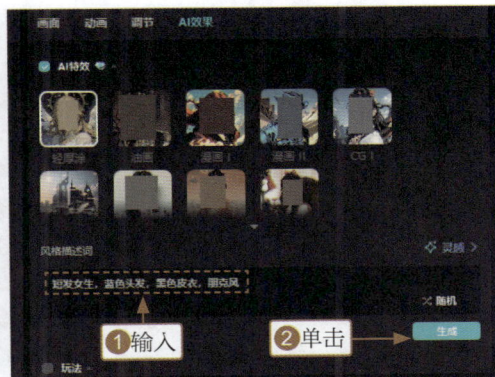

图 6-103　输入描述词

05　在 "生成结果" 选项区中，❶选择合适的效果；❷单击 "应用效果" 按钮，如图 6-104 所示，即可为素材添加特效。

06　❶单击 "音频" 按钮；❷在 "音乐素材" | "推荐音乐" 选项卡中，单击所选音乐右下角的 "添加到轨道" 按钮，如图 6-105 所示，为视频添加背景音乐。

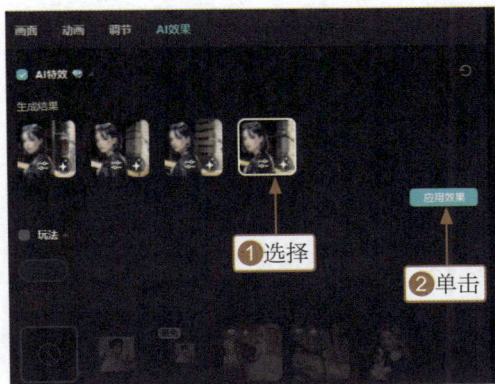

图 6-104　选择和应用特效

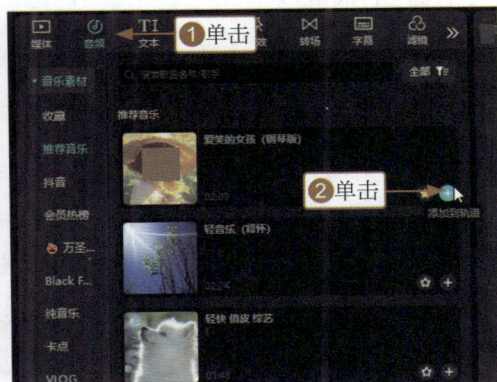

图 6-105　添加背景音乐

07　❶拖曳时间轴至视频的末尾位置；❷选择添加的背景音乐；❸单击 "向右裁剪" 按钮，如图 6-106 所示，即可删除多余的音频片段。

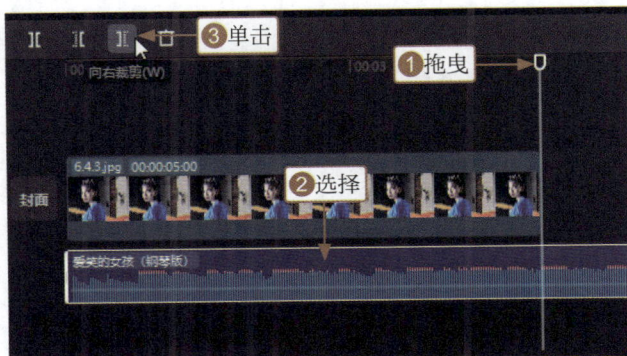

图 6-106　添加背景音乐

6.5　AI 音效

随着 AI 技术的蓬勃发展，剪映中的 AI 音效功能不断升级完善。其中，语音克隆技术表现尤为突出，它不仅能为个人用户量身定制专属的声音形象，满足用户个性化的表达需求，还可广泛应用于为语音助手、广告、游戏等领域提供专业配音服务，极大地拓展了声音应用的边界。此外，改变音色技术也为视频配音带来了全新的体验，为视频增添了诸多趣味性，丰富了视频的听觉表现。

6.5.1　使用AI克隆音色

【效果展示】：在剪映手机版中，用户可以通过"音频"功能来克隆自己的声音，仅需录制 10 秒人声，即可快速克隆专属音色，效果如图 6-107 所示。

效果展示　　视频教学

图 6-107　效果展示

💡
专家提醒

每次使用克隆音色朗读文本，需按照 1 积分 =2 字的规则扣除积分。

下面介绍在剪映手机版中制作克隆音色的操作方法。

01　在剪映手机版中导入一段视频素材，在一级工具栏中，点击"音频"按钮，如图 6-108 所示。

02　在弹出的二级工具栏中，点击"克隆音色"按钮，如图 6-109 所示。

03　弹出"克隆音色"面板，点击■按钮，如图 6-110 所示。

04　在弹出的"请选择克隆方式"面板中，点击"录制音频"按钮，如图 6-111 所示。

05　执行操作后，即可进入"录制音频"界面，点击"点击或长按进行录制"按钮◉，如图 6-112 所示。

06　用户朗读剪映随机生成的例句，朗读完成后，点击◉按钮，如图 6-113 所示，即可完成音色录制。

图 6-108 点击"音频"按钮

图 6-109 点击"克隆音色"按钮

图 6-110 点击"开始克隆"按钮

图 6-111 点击"录制音频"按钮

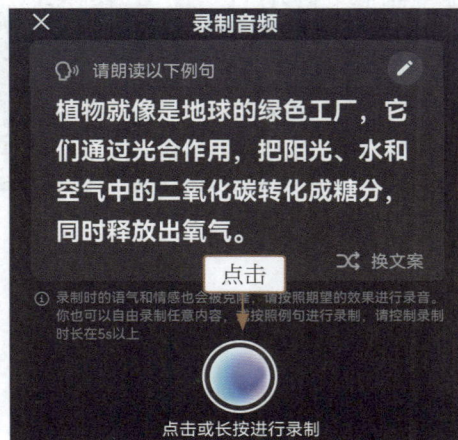

图 6-112 点击"点击或长按进行录制"按钮

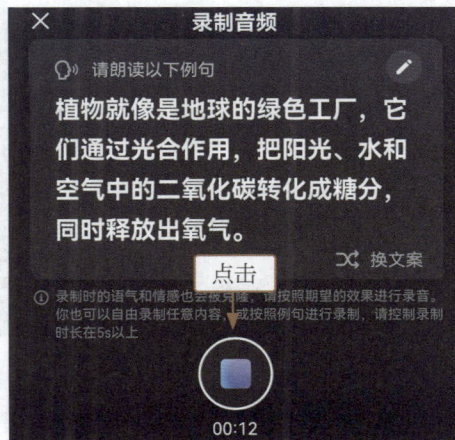

图 6-113 点击按钮完成音色录制

07 稍等片刻，即可生成自己的克隆音色，如图 6-114 所示。

08 ❶在"点击试听"下方，可以试听中文例句和英文例句语音；❷在"音色命名"文本框中可以为克隆音色命名；❸点击"保存音色"按钮，如图 6-115 所示，保存克隆音色。

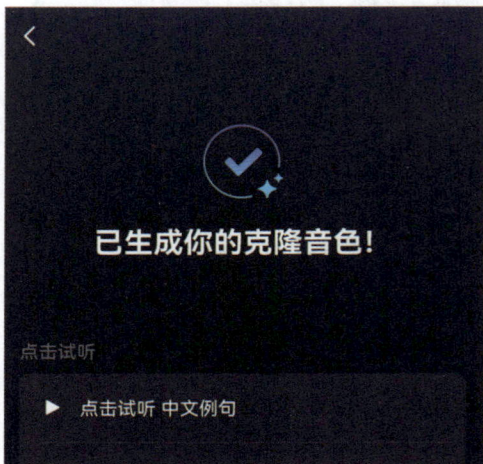

图 6-114　生成自己的克隆音色

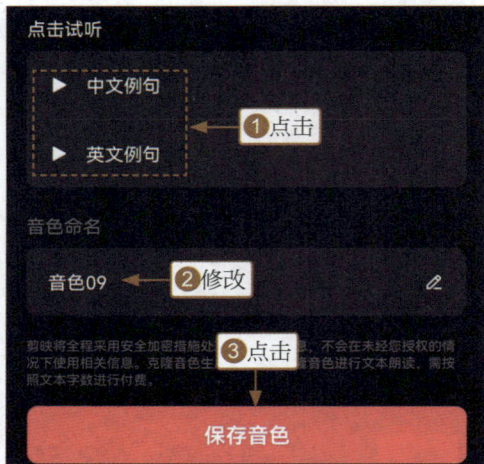

图 6-115　保存克隆音色

09 执行上述操作后，在"克隆音色"面板中，即可显示生成的克隆音色，点击"去生成朗读"按钮，如图 6-116 所示。

10 进入文本编辑界面，❶输入文本内容；❷点击"应用"按钮，如图 6-117 所示，即可用克隆音色进行文字配音。

图 6-116　点击"去生成朗读"按钮

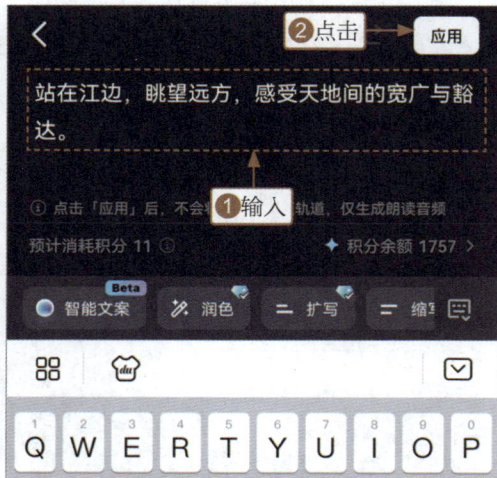

图 6-117　输入并应用文本内容

11 稍等片刻，即可生成朗读音频，如图 6-118 所示。

12 为了调整视频的时长，❶选择视频素材；❷在音频素材的末尾位置点击"分割"按钮，分割视频；❸点击"删除"按钮，如图 6-119 所示，删除多余的视频素材。

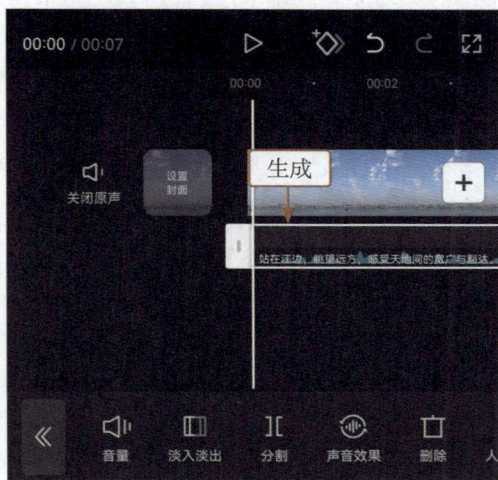

图 6-118　生成朗读音频

图 6-119　调整视频时长

6.5.2　使用 AI 改变音色

【效果展示】：在剪映手机版中，不仅可以直接进行录音，还可以对录制的音频进行变声处理，让视频更加有趣，效果如图 6-120 所示。

效果展示　　视频教学

图 6-120　效果展示

下面介绍在剪映手机版中改变声音效果的操作方法。

01 在剪映手机版中导入一段视频，在一级工具栏中，点击"音频"按钮，如图 6-121 所示。

02 进入二级工具栏，点击"录音"按钮，如图 6-122 所示。

03 进入"录音"界面，点击或长按🔴按钮，如图 6-123 所示，开始录音。

04 录制完成后，点击☑按钮，即可在音频轨道中形成一段录音音频，如图 6-124 所示。

图 6-121　点击"音频"按钮

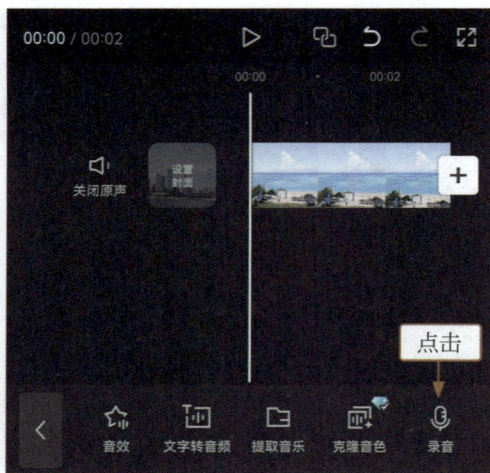

图 6-122　点击"录音"按钮

图 6-123　开始录音

图 6-124　形成一段录音音频

05 为了改变声音效果，❶选择录制的音频；❷点击"声音效果"按钮，如图 6-125 所示。

06 进入相应的界面，❶在"音色"选项卡中选择"熊二"选项；❷点击☑按钮，如图 6-126 所示，完成变声操作。

🔆 专家提醒

　　通过改变音色，可以为视频中的声音添加不同的风格和特色，也可以轻松地塑造出不同的角色形象，提高视频的观赏性和趣味性。

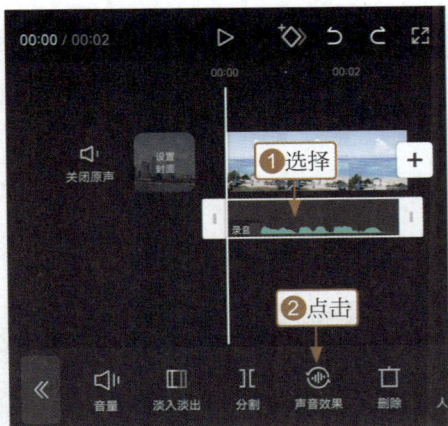

图 6-125 点击"声音效果"按钮

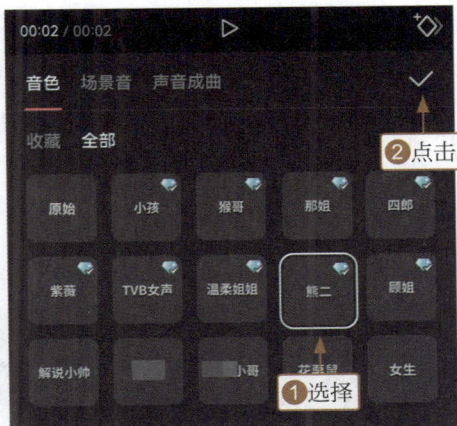

图 6-126 选择变声效果

6.6 AI 剪辑

剪映中的 AI 剪辑功能可以快速剪辑视频，用户仅需简单操作并耐心等待，剪映就能智能分析并快速生成精美视频，轻松实现个性化与专业化的画面效果，让创意变为现实。本节将为大家介绍剪映中一些实用的 AI 剪辑功能。

6.6.1 智能识别字幕

【效果展示】：运用智能"识别字幕"功能识别出来的字幕，会自动生成在视频画面的下方。不过这种识别方式，需要视频中的人声音频清晰，也不可使用方言，否则无法识别。目前，剪映新增了智能识别"双语字幕"和"智能划重点"功能，用户可以根据需要进行设置，效果如图 6-127 所示。

图 6-127 效果展示

1．剪映手机版

效果展示　　视频教学

下面介绍在剪映手机版中使用"识别字幕"功能制作视频的操作方法。

01　在剪映手机版中导入一段视频，点击"文本"按钮，如图 6-128 所示。

02　在弹出的二级工具栏中，点击"识别字幕"按钮，如图 6-129 所示。

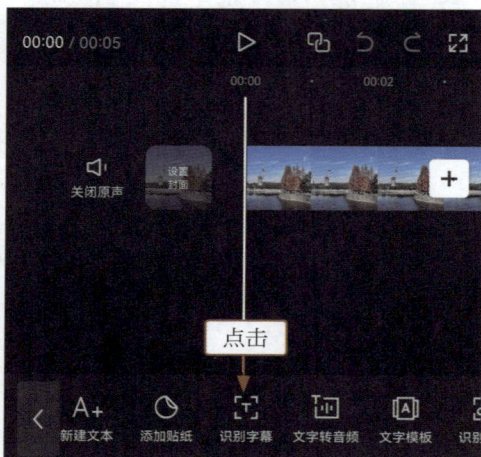

图 6-128　点击"文本"按钮　　　　　　　图 6-129　点击"识别字幕"按钮

03　在弹出的"识别字幕"面板中，点击"开始识别"按钮，如图 6-130 所示。

04　识别出字幕之后，点击"编辑字幕"按钮，如图 6-131 所示。

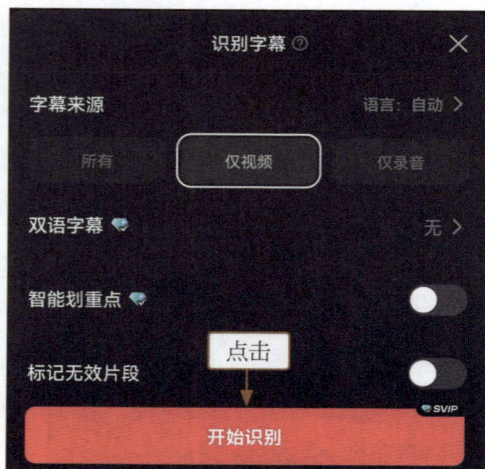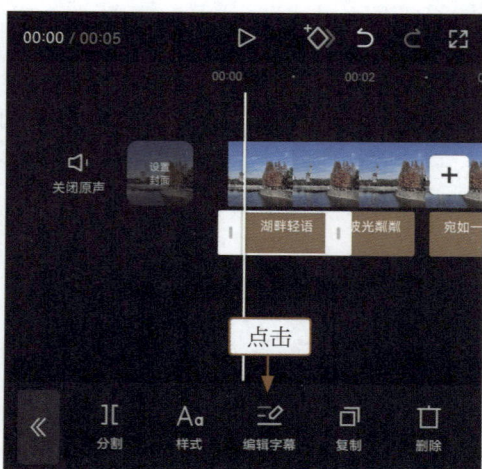

图 6-130　点击"开始识别"按钮　　　　　图 6-131　点击"编辑字幕"按钮

05　弹出"编辑字幕"面板，❶选择第 1 段字幕；❷点击 Aa 按钮，如图 6-132 所示。

06 进入相应界面，❶切换至"文字模板"|"文案"选项卡；❷选择合适的文字模板，如图 6-133 所示，添加字幕效果。

图 6-132　选择字幕

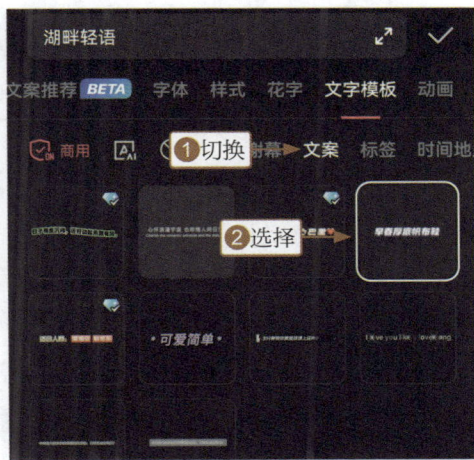

图 6-133　选择合适的文字模板

07 同理，❶为后面两段字幕选择同样的文字模板；❷点击☑按钮，如图 6-134 所示，确认操作。

08 操作完成后，点击"导出"按钮，如图 6-135 所示，即可导出视频。

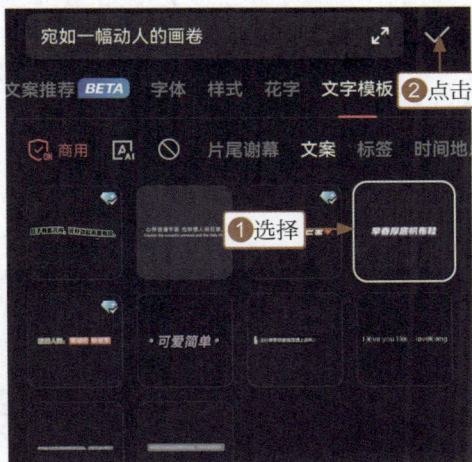

图 6-134　为其他字幕添加文字模板

图 6-135　点击"导出"按钮

> 💡 **专家提醒**
>
> 用户可以对 AI 识别出来的字幕进行编辑和完善，如修改错别字或断句等。

2. 剪映电脑版

　　下面介绍在剪映电脑版中使用"识别字幕"功能制作视频的操作方法。

01　打开剪映电脑版，在"本地"选项卡中导入视频素材，单击视频素材右下角的"添加到轨道"按钮，如图 6-136 所示，把视频素材添加到视频轨道中。

02　在左上方的功能区中，❶单击"文本"按钮，进入"文本"功能区；❷切换至"智能字幕"选项卡；❸单击"识别字幕"选项区中的"开始识别"按钮，如图 6-137 所示。

图 6-136　单击"添加到轨道"按钮

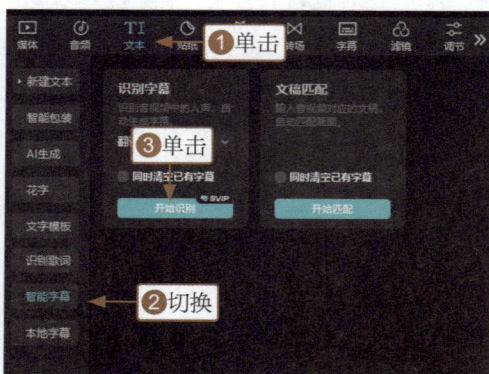

图 6-137　识别字幕

03　稍等片刻，即可生成字幕，❶在"文本"功能区中，切换至"文字模板"|"文案"选项卡；❷单击所选文字模板右下角的"添加到轨道"按钮，如图 6-138 所示，即可添加文字模板。

04　同理，再添加两段同样的文字模板，并调整各自的时长和轨道位置，使其对齐 3 段识别字幕的时长，如图 6-139 所示。

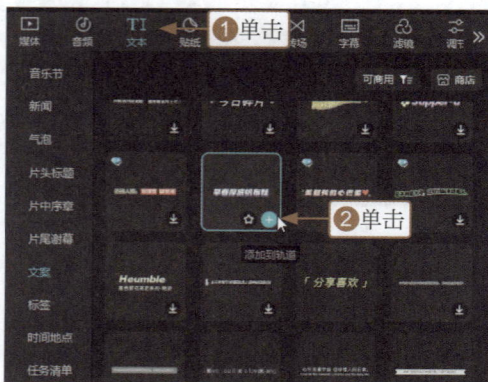

图 6-138　选择文字模板并添加至轨道

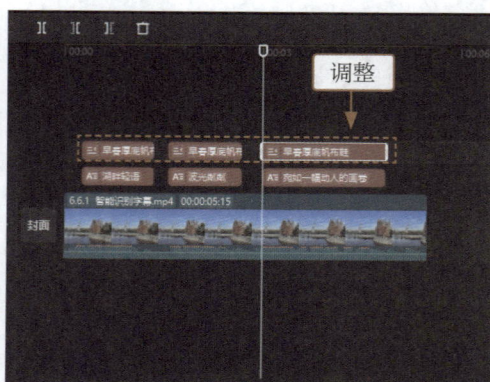

图 6-139　调整各自的时长和轨道位置

05 复制第 1 段识别字幕的内容，选择第 1 段文字模板，在"文本"操作区中，❶粘贴内容；❷调整文字的位置，如图 6-140 所示。

图 6-140　调整第 1 段字幕

06 复制第 2 段识别字幕的内容，选择第 2 段文字模板，在"文本"操作区中，❶粘贴内容；❷在"播放器"面板中调整文字的位置，如图 6-141 所示。第 3 段字幕重复同样的操作。

图 6-141　调整第 2 段字幕

07 ❶按住【Ctrl】键并选中 3 段识别字幕文本；❷单击"删除"按钮，如图 6-142 所示，删除不需要的文字。最后，单击"导出"按钮，即可导出视频。

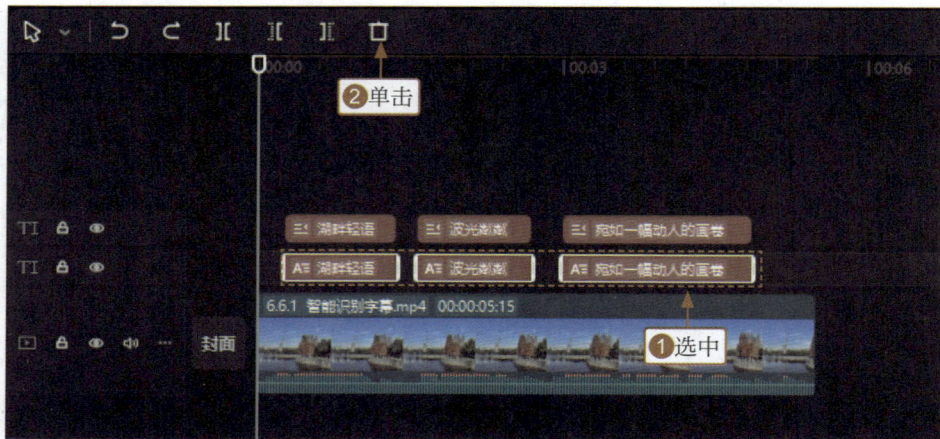

图 6-142　删除多余的文字

6.6.2　智能识别歌词

【效果展示】：如果视频中有清晰的中文歌曲，可以使用"识别歌词"功能，快速识别出歌词字幕，省去了手动添加歌词字幕的操作，还能添加字幕动画，让视频画面更加生动，效果如图 6-143 所示。

图 6-143　效果展示

1. 剪映手机版

下面介绍在剪映手机版中使用"识别歌词"功能制作视频的操作方法。

效果展示　　视频教学

01　在剪映手机版中导入一段视频素材，为了识别出歌词字幕，点击"文本"按钮，如图6-144所示。

02　在弹出的二级工具栏中，点击"识别歌词"按钮，如图6-145所示。

图 6-144 　点击"文本"按钮　　　　　　　图 6-145 　点击"识别歌词"按钮

03　弹出"识别歌词"面板，点击"开始匹配"按钮，如图6-146所示。

04　识别出歌词字幕之后，点击"批量编辑"按钮，如图6-147所示。

图 6-146 　点击"开始匹配"按钮　　　　　图 6-147 　点击"批量编辑"按钮

05　弹出"编辑字幕"面板，❶选择第1段字幕；❷点击Aa按钮，如图6-148所示。

06　为了修改字体，❶切换至"字体"|"热门"选项卡；❷选择合适的字体，如图6-149所示。

07　❶切换至"样式"选项卡；❷设置"字号"参数为7，如图6-150所示，微微放大文字。

08　为了制作KTV字幕效果，❶切换至"动画"选项卡；❷选择"卡拉OK"入场动画；❸选择合适的色块，如图6-151所示，更改文字的颜色。最后，点击"导出"按钮，导出视频。

图 6-148　选择字幕

图 6-149　选择合适的字体

图 6-150　设置"字号"参数

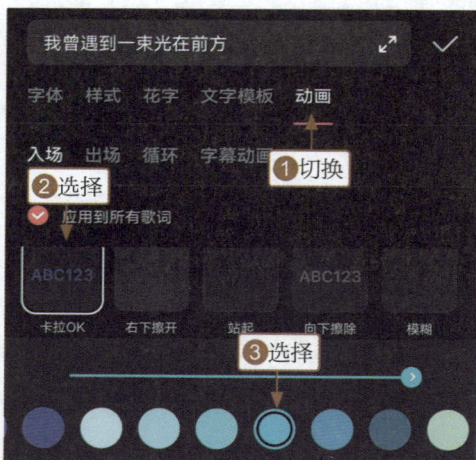

图 6-151　选择合适的色块

> **专家提醒**
>
> 　　目前，剪映手机版的"识别歌词"功能支持普通话、粤语、英语 3 个语种的歌曲识别，功能强大且操作简单。

2. 剪映电脑版

下面介绍在剪映电脑版中使用"识别歌词"功能制作视频的

效果展示　　视频教学

操作方法。

01 打开剪映电脑版，在"本地"选项卡中导入视频素材，单击视频素材右下角的"添加到轨道"按钮，如图 6-152 所示，把视频素材添加到视频轨道中。

02 为了识别出歌词字幕，❶单击"文本"按钮，进入"文本"功能区；❷切换至"识别歌词"选项卡；❸单击"开始识别"按钮，如图 6-153 所示。

图 6-152 单击"添加到轨道"按钮

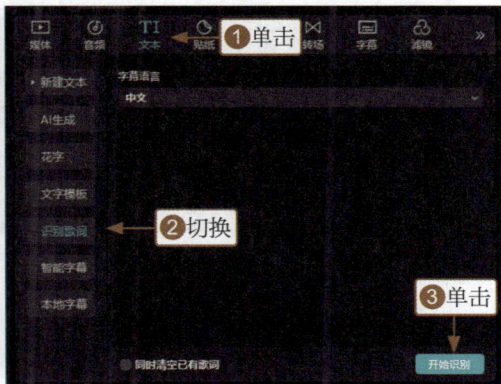

图 6-153 开始识别歌词

03 稍等片刻，即可生成歌词字幕，效果如图 6-154 所示。

04 识别出字幕后，检查歌词字幕有没有错别字，选择歌词字幕，❶设置一个合适的字体；❷设置"字号"参数为 8，如图 6-155 所示，微微放大文字。

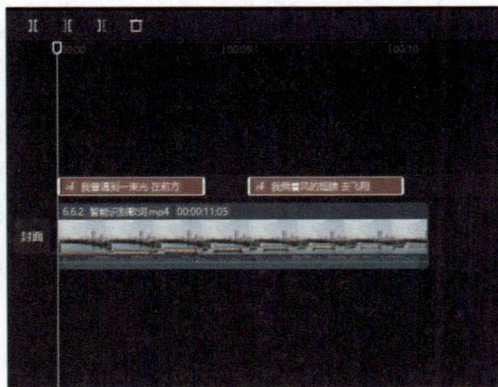

图 6-154 生成歌词字幕

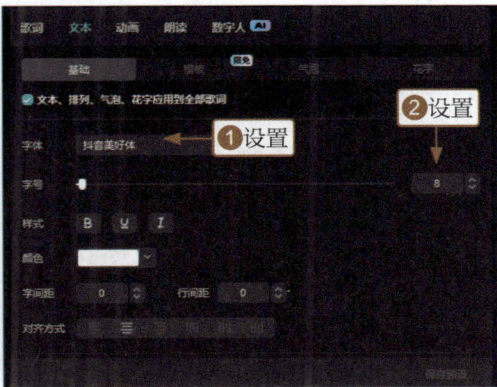

图 6-155 设置字体字号

05 为了制作 KTV 字幕效果，❶单击"动画"按钮，进入"动画"操作区；❷选择"卡拉 OK"入场动画；❸设置"动画时长"参数为 4.3s，贴合字幕效果；❹单击"导出"按钮，如图 6-156 所示，即可导出视频。

图 6-156　设置并生成字幕效果

6.6.3　智能调色功能

【效果对比】：如果视频画面的光线不足，色彩不够鲜艳，或者有过度曝光等问题，可以先使用"智能调色"功能，然后调节相应的参数，为画面进行调色，原图与效果对比如图 6-157 所示。

效果展示

图 6-157　原图与效果对比

1．剪映手机版

下面介绍在剪映手机版中使用"智能调色"功能进行调色的操作方法。

01 在剪映手机版中导入一段视频素材，❶选择素材；❷在弹出的二级工具栏中，点击"调节"按钮，如图 6-158 所示。

视频教学

02 进入"调节"选项卡，选择"智能调色"选项，如图 6-159 所示，进行快速调色，优化视频画面。

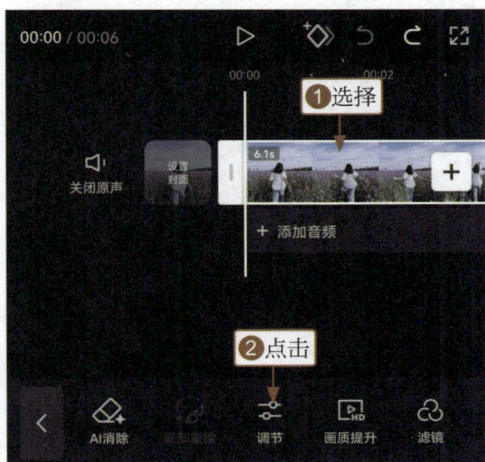

图 6-158　选择素材并进行调节

图 6-159　选择"智能调色"选项

03 为了继续调整视频画面，设置"饱和度"参数为 8，让画面色彩变得鲜艳一些，如图 6-160 所示。

04 设置"光感"参数为 8，如图 3-161 所示，增加画面曝光。

图 6-160　设置"饱和度"参数

图 6-161　设置"光感"参数

05 设置"锐化"参数为 10，让画面变得清晰一些，如图 3-162 所示。

06 设置"色温"参数为 −10，让画面偏冷色调，如图 6-163 所示。

07 ❶设置"色调"参数为 −10，让画面偏蓝绿色调；❷点击☑按钮，如图 6-164 所示，确认操作。

08 点击"导出"按钮，如图 6-165 所示，导出视频。

图 6-162　设置"锐化"参数

图 6-163　设置"色温"参数

图 6-164　设置"色调"参数

图 6-165　点击"导出"按钮

2. 剪映电脑版

下面介绍在剪映电脑版中使用"智能调色"功能进行调色的操作方法。

01 打开剪映电脑版，在"本地"选项卡中导入视频素材，单击视频素材右下角的"添加到轨道"按钮，如图 6-166 所示，把视频素材添加到视频轨道中。

02 选择视频素材，❶单击"调节"按钮，进入"调节"操作区；❷选中"智能调色"复选框，进行智能调色，如图 6-167 所示。

03 为了继续调整视频画面，设置"饱和度"参数为 8、"色温"参数为 -10、"色调"参数为 -10，让画面偏蓝色调、偏冷色调一些，同时让视频色彩更鲜艳，如图 6-168 所示。

视频教学

图 6-166　单击"添加到轨道"按钮

图 6-167　选中"智能调色"复选框

图 6-168　设置色彩参数

04 设置"光感"参数为 8，设置"锐化"参数为 10，提高画面的亮度和清晰度，如图 6-169 所示。
单击"导出"按钮，即可导出视频。

图 6-169　设置其他参数